国际服装丛书·技术

图解服装裁剪缝制基础

细节·部件

[英]朱尔斯·法伦 著

方方 译

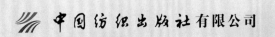
中国纺织出版社有限公司

内 容 提 要

这是一本服装制作实用技术书，以图解的方式，通过大量案例详细讲解各种服装细节与部件的制作。全书由五部分构成——工具设备、准备工作、细节与部件制作、弹性面料处理、后整理。

全书内容丰富、专业，不仅涉及各种工具设备、面辅料、人体测量、纸样排板、标记裁剪面料、弹性面料处理等，还重点讲解了压烫、省道、抽褶、褶裥、塔克、缝份、口袋、开口闭合、拉链、袖子、袖克夫、领子、育克、腰带、斜裁条、滚边、卷绳、蕾丝、褶边、明线、包边、贴边、贴底车缝、贴边车缝、底边、手缝、机缝、内衬等处理。

全书图文并茂，书中所有图例均为真实的制作演示图，步骤清晰、生动形象、易学易用，既可作为高等院校服装专业的教材，也可作为服装企业技术人员的专业参考用书。

原文书名：DRESSMAKING: THE INDISPENSABLE GUIDE

原作者名：Jules Fallon

Copyright © 2017 by Quarto Publishing Plc

Simplified Chinese translation © 2019 China Textile & Apparel Press

著作权合同登记号：图字：01-2018-3360

图书在版编目（CIP）数据

图解服装裁剪缝制基础：细节·部件 /（英）朱尔斯·法伦著；方方译 . -- 北京：中国纺织出版社有限公司，2020.1

（国际服装丛书 . 技术）

书名原文：DRESSMAKING: THE INDISPENSABLE GUIDE

ISBN 978-7-5180-6786-2

Ⅰ . ①图… Ⅱ . ①朱… ②方… Ⅲ . ①服装量裁—图解 ②服装缝制—图解 Ⅳ . ① TS941.631-64 ② TS941.634-64

中国版本图书馆 CIP 数据核字（2019）第 217526 号

策划编辑：李春奕　　责任编辑：谢婉津　　责任校对：楼旭红
责任设计：何 建　　责任印制：王艳丽

中国纺织出版社有限公司出版发行
地址：北京市朝阳区百子湾东里 A407 号楼　邮政编码：100124
销售电话：010—67004422　传真：010—87155801
http://www.c-textilep.com
中国纺织出版社天猫旗舰店
官方微博 http://weibo.com/2119887771
北京华联印刷有限公司印刷　各地新华书店经销
2020 年 1 月第 1 版第 1 次印刷
开本：889×1194　1/16　印张：16
字数：310 千字　定价：128.00 元

凡购本书，如有缺页、倒页、脱页，由本社图书营销中心调换

作者简介：
朱尔斯·法伦

您好！我是朱尔斯·法伦，一位众所周知的缝纫工作的爱好者。许多年前，我投身于缝纫行业，目前正经营着一家位于英国埃文河畔斯特拉特福的设计公司——"Sew Me Something"。每一天，我既管理着工艺和缝纫工作室，设计和生产着女装纸样，也会帮助紧张的初学者在缝纫机面前学会放轻松。换句话说，我清楚我的工作！并且现在我想要将其中一些知识传递给你们。

当孩子们都还小，我还没有进入教育行业之前，已经接受培训成了一名制板师，并在时尚行业工作长达 15 年。10 年前，我在英国中部地区开设了时装设计课程并进行授课，在校期间的工作相对容易，还可以利用假期为自己和孩子们做一些服装。奇妙的是，童年时期，我和母亲、外婆一起学习了缝纫，现在我可以把这些知识传递给我的女儿，教她怎么为玩偶做服装，怎么为自己做服装。

和大家分享真正感兴趣的信息，并在这个过程中所产生的火花以及从制作之中获取的巨大满足，这些都看起来如同奇迹，这是我开始经营"Sew Me Something"的主要原因。你能够与他人分享你的知识和技能，反过来，从他们身上也能学到让大家共同成长的东西，不管是缝纫技巧还是为人处事。

能使一条夏天的裙子随风飘动，或是为羊毛衫添加一点闪闪发光的装饰而完全改变它的外观，这都是很棒的事情。有时候，创造的过程和已完成的成品一样，都是快乐的一部分。现今的生活中有一种真切的匆忙感，我们要花时间去好好享受正在做的事情，在一个项目中你学会的技能，可能会帮助你更容易、更好地完成接下来的工作。

这是我的第一本书，也是我整理多年缝纫知识和经验的成果。本书总结了一些通常在课本上没有的信息和一些我们在工作室里经常讨论的东西，有助于更好地开展缝纫工作。书中也包含了我与专业同事交谈时或在行业中工作时发现的一些新方法。所有这些方法技巧将会帮助你提高服装的成品水平。这本书应常置于你的缝纫机旁，当你需要知道如何进行某项缝纫工作时，你就可以参考它。

我希望这本书能帮助你更好地进行缝纫工作。当有人问："我喜欢你穿的衣服，你在哪里买的？"你回答："我自己制作的。"这会令你充满成就感！

朱尔斯·法伦

目录

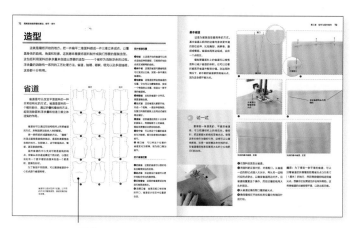

图解
线描图可清晰
展现服装结构。

第一章
工具设备

11

试一试

为了使工艺更
简单的其他工作方
式或技巧。

步骤详解

简洁说明如何使用
每项技术手法，并附有
清晰的步骤示意图。

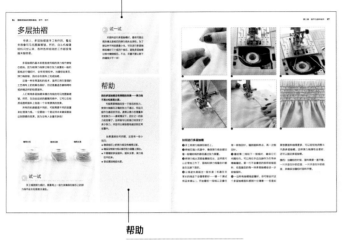

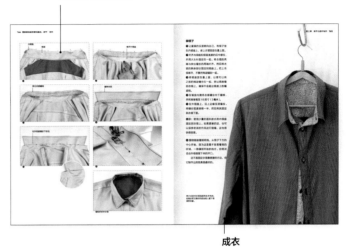

帮助

如果有什么做错了，帮助
框会告诉你为什么，并教导你
怎么去修正。

成衣

成衣照片可提供灵感。

第二章
准备工作

29

第三章
细节与部件制作

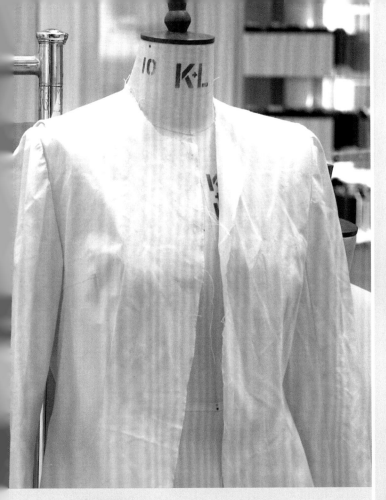

第四章
弹性面料处理 203

第五章
后整理 221

第一章
工具设备

1

当开始一项新的爱好时，人们通常会想让自己拥有所有能想到的、可能会用到的设备。但是当开始制作服装时，所需要的只有一台缝纫机，一把锋利的剪刀，还有一颗开阔的心。当熟练掌握了自己的工作方式和有助于缝纫的技巧时，其他一切就水到渠成了。

必备工具

一旦开始了缝纫之旅，就会有各种各样的专业工具和设备让工作更加轻松，帮助你以一个专业的水平完成服装。

要点

选择高质量的工具和设备有助于制作或调整精确的、适合的纸样。良好的保养可以避免时常更换设备。

缝纫机

在一些紧急必要的情况下手缝可以起到补救的作用，但一台缝纫机（见第20~21页）会使缝制更加简单迅速。你需要花时间去了解它的所有线迹和功能。定期维护设备、注意清理多余的线头和灰尘，这利于缝纫机的正常工作。

剪刀❶

优质锋利的长刃剪刀会让裁剪面料变得更容易。小的刺绣剪或纱剪用于剪线，也可以处理边角。裁剪纸样需要一把专业的剪纸剪刀，因为用裁布剪刀来剪纸，裁布剪刀会变钝。

大头针❷

在假缝和缝合之前，可用大头针将面料固定。玻璃头大头针很容易识别，如果不小心放在热熨斗下面，玻璃头部也不会熔化。但是细长的不锈钢大头针的耐久性更好，也容易在细织物上操作。

卷尺❸

卷尺用于精准测量和确保服装的完美合体性。比较柔软，易于测量曲线。当置于边缘处时，卷尺可以贴合曲线并获得准确的尺寸。注意要使用质量好的卷尺，因为便宜的卷尺长时间使用后会发生拉伸变形，影响测量的准确度。

熨斗❹

具有一定重量并且带有可控蒸汽的熨斗可以改善缝纫效果。使用这种熨斗可以熨开接缝，压平折边，并形成折叠和折痕效果（见第70页）。熨斗通常可以减少步骤中的固定和假缝次数。也可改善服装的外观效果，加强折边，熨平折痕，以及减少起拱。对于一件做工精良的服装来说，在整个缝制过程中的有效压烫是必不可少的。

划粉❺

大多数面料都可用划粉来标记，并且容易清除。保持划粉边缘锋利很重要，可使用旧剪刀刃口将划粉边缘削尖，同时确保划粉屑掉入垃圾桶中。

缝纫针❻

注意为正在缝制的面料选择合适的缝纫针。不同的缝纫针具有不同的缝纫效果。

拆线器❼

这个小工具用来拆除错误的线迹。即使是经验丰富的缝纫师难免也会犯错误，所以使用一个拆线器会非常方便。找到错误的地方，将拆线器插入修改点接缝下方，然后像拉拉链一样，拆开这些缝线。

标记笔❽

气消失笔适合在平纹织物上做记号，但由于笔迹会在48小时后消失，所以需要及时处理相关工作。水消失笔的记号会一直保留，除非用水清洗才会消失。

缝纫空间

一旦有了必需的设备，请考虑一下将要工作的空间。一个宽大平坦且高度合适的平台最为理想。但我们经常需要在地板上裁剪面料，在这种情况下，可以用一块光滑的硬纸板放在面料下面，保护地板的同时，也可防止面料被勾坏。

大部分工作都是在腰部高度的位置完成，如果没有大桌子，可以选择熨烫台。

储藏室很重要，许多工序并不能一蹴而就，通常会进行一段时间。因此需要一个安全的地方来存放半成品和材料。如果没有一个独立的缝纫空间，那么一个柜子，一个盒子，甚至一个拉链包都能用来存放所有部件和材料，特别注意将大头针放在儿童接触不到的地方。

❶

❷

❸

❹

❺

❻

❼

❽

AIR ERASABLE PEN-FINE TIP

Ink is nontoxic & soluble, can be removed by soapy water

WATER ERASABLE PEN-FINE TIP

推荐使用的设备

锁边机

如果你正在制作许多私人衣物，锁边机将会显著提高缝纫质量。这些有用的机器（见第20页）可用于整理毛边，提高缝纫的专业度。同时，锁边机也有许多额外的装饰性功能，即使有些并非必要，但却是一些潜在功能。正是它们使缝纫成为一个美妙的梦想。刚开始使用时，它们看起来有点吓人，但就像缝纫机一样，腾出时间去了解这些功能，最终会得到回报的。

"布馒头"

这是一个形状像馒头一样，紧实的垫子，可以用来支撑被压烫过的服装。"布馒头"的圆形形状会使服装上弯曲的接缝被压平熨烫而不会使服装的其他部分受到影响产生折痕。袖烫垫在熨烫比较困难的部位，如袖子或者裤腿，也同样提供了帮助。

人台

当制作自己穿着的服装时，想要让服装完全适合自己的身材可能是一件相当困难的事情。因此，拥有一个尽可能接近自身身材尺寸的人台将会大有益处。它有利于根据需要调整服装的形状，并且缝制的时候可以随时检查服装是否合身。

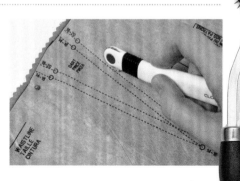

人台

滚轮

该工具与裁缝用的复写纸一起使用，可以标记一排小圆点。它对缝纫厚重面料更有用。

尖角翻转器

尖角部位可用剪刀处理，但会花费较长时间。一个带有尖角的计量器，或者一个特定的拐角和边缘整形器也可以很好地完成这项工作，而且这个尖角不会像剪刀那样容易穿破面料。

磁铁吸针器

缝纫过程中，各式各样的针会四处散落，而磁铁吸针器将会使所有散落的针聚集到恰当的位置——针筒。用一对扁平的磁铁，一些胶水和一个旧碗就可以很容易制作自己的磁铁吸针器。

量规

这是一个好用的塑料或木制小工具，它上面标记着不同的测量数值，有了这个就不需要数清卷尺上所有的小线条了。

服装尺或法式曲线板

有些时候，你可能想要改变纸样来适应个人身材或风格的变化。这些尺子能辅助打板师画出平滑的曲线，有效地改变纸样。如果需要画一条直线，那么一定要用尺子。

打板纸

使用打板纸可以修改或拷贝纸样。它有助于提高效率，也可以用它来描绘纸样。纸张上的点和交叉线使得画直线更加容易，并与布纹线相匹配。

量规和尖角翻转器

拐角和边缘整形器

量规

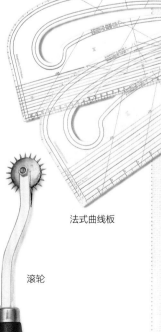

法式曲线板

滚轮

打板纸

缝纫针

缝纫针是最基本的缝纫工具——如果想缝纫，它必不可少。针最初由骨头或木头削成，现在多用高质量的钢制成，不同用途的针有不同尺寸。

选择缝纫针

为手头的缝纫工作选择合适的针非常重要，无论是手针还是机针。使用正确尺寸和针型的针更容易缝制出整齐干净的手缝作品。而虽然机针可能看起来都一样，但针对特定的缝线和面料它们会有细微的差别。

手针

不同类型和大小的手针适合不同的缝纫工作。短而细的针最适合微小、具有功能性的缝线，而大孔眼类型的针则适合粗一点的缝线。将不同的针在手中排列，然后选择最适合目前缝纫工作的手针。

- 针眼
- 针体
- 针尖

机针

现代机针用来与特定的缝线和面料相匹配，以便更好地制作成衣。针织机针的针尖不同于那些尖端锋利的针，在缝纫面料时不会跳针或对面料造成伤害，它带有一个圆形小球，在针织物的纱线之间滑动，并不刺破面料。楔形的针尖可以用来缝纫塑料和皮革类的面料。

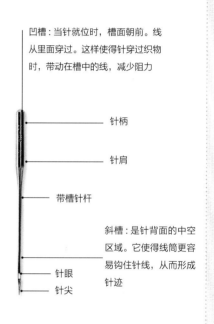

凹槽：当针就位时，槽面朝前。线从里面穿过。这样使得针穿过织物时，带动在槽中的线，减少阻力

- 针柄
- 针肩
- 带槽针杆

斜槽：是针背面的中空区域。它使得线筒更容易钩住针线，从而形成针迹

- 针眼
- 针尖

▶ 试一试

穿不进针怎么办？

- 把线头剪成一个斜角，使其更易穿过针眼。

- 在针眼后面放一张白纸，使针孔更容易被看见。

- 使用穿线器。市场上有很多这样的产品（见右图），将针眼和线头同时穿入手柄上一根简单的菱形金属丝，再将线拉出一定的长度。

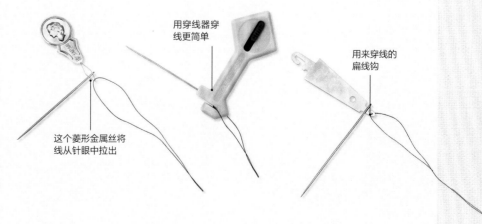

用穿线器穿线更简单

这个菱形金属丝将线从针眼中拉出

用来穿线的扁线钩

为缝纫工作选择合适的针

使用下面的图来给缝纫工作选择正确的针。

手针

通常，手针的尺寸从 1（最粗）到 12（最细）。

类型	刺绣用针（绣花线）	珠绣用针	织锦用针	大孔粗引针	细孔长幼缝针
外观	中等长度，针眼长，用来穿刺绣缝线	长且细小，足够细以便使其穿过小珠的洞孔	针尖较钝，比织补针短，针眼大	大且宽，针头呈圆环形，针眼较大	中等长度，针眼呈小圆形，用于普通缝纫
用途	刺绣	珠绣	织锦、针绣花边、丝带绣	可穿松紧带、缎带和带条	普通缝纫

机针

通常，缝纫机针尺寸从 60（最小）到 120（最大）。

类型	普通用针	圆头缝针	弹性面料用针	超细针	牛仔布用针
外观	针头尖锐，可以穿透大部分面料而不造成损坏	针头呈圆形，可在纤维之间滑动而不刺破它	斜槽深，防止跳针	针头锋利，适合于精细面料	针体粗，针头锋利
用途	大部分有一定重量的机织物	针织物	弹性面料，包括针织面料、莱卡和人造绒面革	精美的丝绸和合成超细纤维面料	牛仔布和其他有密集纹理的厚重面料

细孔短幼缝针	织补用针	疏缝针（草编织物用针）	皮革制品用针	绳绒织物用针	自动穿线针
针型短，针眼呈圆形	较长，针眼较大，针尖尖锐，可穿过毛线	针型长，针眼呈圆形	针头呈楔形三角状，尖锐锋利，可刺穿皮革	针型长，针头尖锐，针眼大	中等长度，针眼有槽口
处理缝纫中复杂精细的工作以及绗缝	织补	疏缝、打褶和制作帽子	用于缝制皮革、绒面革、塑料材质等硬质材料	可使用标准线、羊毛线和丝带，缝制较厚的面料	使穿线更加简单

金属线用针	刺绣用针	绗缝针	车缝针	蝶形针	双头钩针
针眼大而圆滑，防止断裂或跳针	针眼大，刺绣线可穿过，斜槽可进行密集缝制且不断线	针尖锋利，针杆呈狭窄锥形	锋利，有大的凹槽和针眼来穿厚实的线	在针杆两侧的蝶形针可将织物线分开，精心选择的针脚可在面料上留下装饰孔	两个或三个针组合在一起，进行多行线迹缝纫
金属线，包括单纤维丝	尼龙、涤纶和特定的刺绣用缝纫线	缝纫多层厚实的面料	车缝	形成和手工缝纫线迹相似的装饰性线迹（在开始缝之前，将面料进行喷浆处理）	艾儿珑线迹（Heirloom Stitching）缝纫、固定褶裥、仿制覆盖线迹

裁剪工具

在缝纫室，所有形状和尺寸的刀具都有用处，每个刀具都有各自的用途。使用合适的工具才能使每项工作达到最好的效果。

类型	裁剪刀	锯齿剪刀
外观	裁剪用的剪刀刀口长而锋利，手柄有一定造型，握持舒适	刀口呈锯齿状，用于切口的剪裁
用途	裁剪面料	使用这种剪刀可以防止边缘脱散

 试一试

- 如果和朋友们一起参加了课程或者是缝纫小组，可用丝带裹扎在剪面料用的大剪刀的手柄上，以免混淆。

- 经常将剪刀掉到地上会让剪刀的刀口不在一条直线上。如果不使用剪刀，请把它们放置在桌子的中央，不要靠近桌子边缘。

- 保持剪刀的干燥并且远离潮湿的环境，防止剪刀生锈。

可替代的裁剪工具

在缝纫时除了使用剪刀来裁剪面料和剪断缝线，还有其他的裁剪工具可以帮忙。它们对缝纫非常有用，可以节省很多时间和精力。

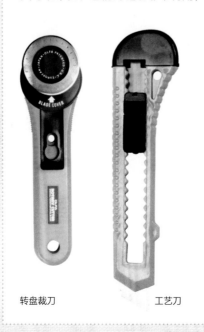

转盘裁刀　　　　工艺刀

转盘裁刀

一个带手柄的圆形刀片，使用时需在面料下方放一块自愈合切割垫，以便准确地裁切面料，并同时切割多层。这是一种快速的裁剪方法，适用于裁剪拼接面料和小型衣片。这里有一些有用的建议：

- 买两个刀片，以便一个损坏时仍有备用。

- 购买空间能放得下的最大的垫子，方便缝制服装和拼接材料。

- 保持垫子平整，远离热源，以免弯曲开裂。

刺绣用剪	齿形刀边剪刀	曲头绣花剪刀	剪纸剪刀
刀刃短, 刀尖锋利	刃口粗糙不平	刀刃短而弯曲, 小而锋利	标准剪刀, 刀刃为中等长度
可以剪缝纫线, 也可以剪断接缝和做切口	齿状刀边可以吸住面料, 更容易裁剪柔软轻质的面料	结束工作后, 该剪刀可用于剪断缝线	为了使面料剪刀裁剪布时保持锋利, 裁布剪刀不能用于剪纸, 而这种剪刀只用来剪纸

工艺刀

选择工艺刀, 而非普通剪刀, 裁剪硬的塑料或皮革面料时会形成整齐的切口。由于钝刀会给刀刃施加更大的压力, 容易伤到自己, 所以要保持刀口的锋利。带有可伸缩刀片的刀应该存放在工具箱中, 保障安全。

螺纹车刀

可将这些小刀具挂在脖子上, 需要的时候可以很方便地用到。螺纹车刀的刀片隐藏在一个带有插槽的圆盘后面。当线被拉进槽口时, 就会被刀片割断。

纱剪

纱剪没有把手柄, 方便拿起来就用。缝纫中移动时或者设备空间有限的时候可以使用。

扣眼凿

在不剪线的情况下, 不使用扣眼凿开扣眼是十分困难的。将扣眼凿放置在纽孔的中间, 敲击末端以穿过织物。

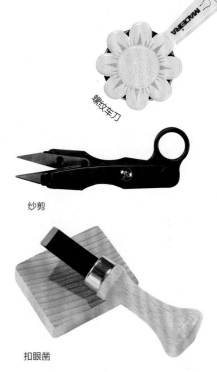

螺纹车刀

纱剪

扣眼凿

了解机器

在缝纫机和锁边机的帮助下，机缝会比手缝的效率高很多。无论已经拥有或是正打算去购买机器，都要学习如何正确使用它，以充分发挥它的潜力。

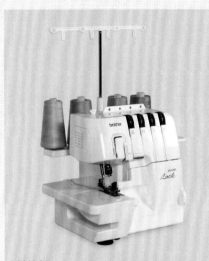

锁边机

尽管锁边机对于缝纫来说并非必须（见第212页），但当需要缝制大量服装时，可能就应该考虑购置一台了。锁边机可使用3线锁边或4线锁边，同时完成切割、缝纫和清理缝边的工作。也可用它来缝制弹性面料制作的服装，清理由其他工序产生的缝边。它还能利用有趣的线迹和缝线缝制出各种各样的装饰效果。

缝纫机

尽管大多数现代缝纫机都有穿线器和切线器，具备多个扣眼选项和几十个漂亮的装饰线迹，甚至能创造复杂的机器刺绣，但部分缝纫机仍然只能够平缝。在购买缝纫机时，根据自己需要的功能合理购置，并考虑到自己希望机器能有所改进的地方。

导线器

导线器用于将线穿过机器以产生缝线。请查阅机器手册或按照机器上标记的箭头选择正确的路线。

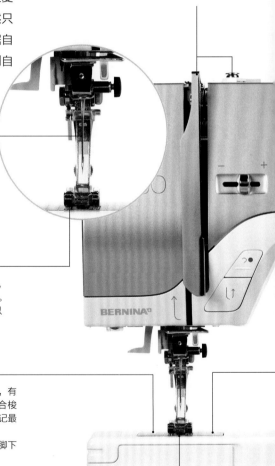

机针

用夹子或螺钉将机针固定在机器的合适位置上。部分机器的机针位置是固定的，但是也有许多机器允许手动将针的位置向左侧或右侧调整，也可以缝制锯齿形和装饰性线迹。

压脚

压脚会在机针周围的面料上施加压力，在送布齿的帮助下支撑并促使面料的前进。在一些机型中，压脚施加的压力或重量可以根据面料的厚度增加或减小。

针板

针板通常由金属制成，在送布齿的周围，有一个便于针穿过的孔，将线向下穿过以迎合梭芯。在金属针板上通常会刻有指示线，以标记最普遍的接缝余量。

沿着其中一条指示线将面料布边喂入压脚下方，则线迹会和边缘平行。

送布齿

这个锯齿状的牙齿位于针板的机针下，以循环的方式移动，使面料输送平稳。这意味着当机针上升时，送布齿也会将面料往上送——故当机针下落到面料时，就会产生线迹。可以调节送布齿的运动速度以改变针迹长度，也可以将其放下，以便进行自由缝纫。

螺纹主轴（隐藏在后面）

通过导线器朝向针头喂入面料之前，将线轴放置在上面。使用双针缝制时，其他的主轴可增加线轴。

梭芯绕线器

该工具可以快速均匀地将线缠绕在梭芯上。

手柄

当机针正在缝制织物时，机器右侧的手柄会旋转。虽然缝纫机上的脚踏板或开关也能够控制机针的运动，但有时通过手柄能更好地控制机针。

试一试

操作

缝纫机和其他任何设备一样，需要花时间去学习操作方法并充分地利用。理想情况下，应先使用易于喂入机器的稳定机织物和形状简单的面料开始缝制。当掌握了这些以后，就可以制作那些更难处理的面料了，如弹性面料、轻薄面料或厚实面料等。通过练习，你将学会如何根据不同特性的面料来拿持布料和伸展、拉拽布料。

线迹选择器

通过表盘或按钮选择和调整线迹的长度和宽度。一般缝纫机通常会有附有标志的表盘或旋钮，电动缝纫机通常会有一个窗口显示所选择的线迹，也会附有其他信息——比如配合所选择的线迹一起使用的压脚。

梭芯/梭壳

梭芯/梭壳位于座圈或支架内的喉板下方，可自由旋转。梭芯/梭壳或从上面放入，用金属板盖住，或者从前面推开放入。

BERNINA⁺

脚踏板

大多数的机器均由电力驱动，通常以地板上的电线和脚踏板作为开关。部分机器也会在机器前带有开关按钮。当缝纫自动扣眼或装饰性线迹时，使用这样一种启动方式能够确保其规律性和一致性。

缝纫机压脚

　　购买一台缝纫机时，通常会配有一个标准压脚和少量附加压脚，以用于特定的缝制用途，如装拉链和锁扣眼。然而为了使很多复杂的工艺更加容易，会有更多适合缝纫机的特定压脚和附件。

　　尽管一些缝纫机品牌提供了大量专业的压脚和附件，但有些品牌可提供的范围非常有限。如果没有选择的话，一些万能的压脚也可以适合机器，但是在寻找可供替代的压脚之前，一定要先选择那些为缝纫机品牌设计的压脚。这里列出一些最常见的压脚，购买缝纫机时一般都会附带。

标准压脚

　　这种压脚的底座光滑，易于固定，可缝纫直线和锯齿形线迹。它适用于日常缝纫工作，如缝合接缝和明线缝边。

提示： 这种压脚适用于普通缝纫，但并不适合缝纫针脚厚的装饰线迹，会导致缝线堆积在底座，压脚受阻。可以用在底座上有一个通道的压脚替换，如开趾压脚。

拉链压脚

　　不同品牌的拉链压脚设计各不相同，但一般是由一个侧面有凹痕的单边压脚组成，使压脚贴紧拉链的齿部并进行缝合。

提示： 拉链压脚是通用的，由于针头可以靠近粗绳边缘，这种压脚也适合缝制嵌边。

顶端

底部

卷边压脚

　　当把卷边放在该压脚的下面时，压脚的中间有一根垂直导轨帮助把缝线压在正确的位置。这根导轨可根据不同品牌的设计进行设置或调整。

提示： 缝纫卷边之前先用面料试验一下，以便找到合适的线迹位置和线迹长度。

锁边压脚

　　在缝制时，该压脚有一个尖齿或指针位于织物切割过的边缘。在不拉扯和扭曲面料的情况下，且导轨下滑之前，线迹就在毛边处形成了。使用缝纫机和两卷线，这个压脚能够形成简单的锁边线迹。

提示： 修剪布边，保证其在缝合前边缘光滑，否则粗糙的边缘会使线迹露在外面。

校准扣眼长度的
扣眼压脚
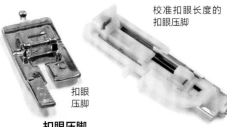

扣眼
压脚

扣眼压脚

　　扣眼压脚有许多不同的样式，但它们都会缝成两排平行的缎纹缝线，并在中间有一个狭窄的间隙。

提示： 如果机器上有一个自动扣眼装置，不要忘记把传感装置调低，以确保缝制的所有扣眼均相同。

其他实用压脚

已经掌握了基础缝纫机压脚的使用方法之后，也许就想使用更多可替换的特定压脚来使缝纫水平达到更高等级。

隐形拉链压脚

普通的拉链压脚不能近距离靠近拉链链齿，所以隐形拉链不能用普通的拉链压脚嵌入。隐形拉链压脚底部有凹槽，可以把链齿拧开以缝合。

提示： 先用标准拉链压脚把拉链带固定好，然后使用隐形拉链压脚将其缝在正确的位置。最后嵌入隐形拉链，在拉链底部整齐接入后，缝合接缝。

双送压脚

将控制杆放置在针杆上面或周围，双送压脚即可固定在缝纫机上。这样可使得底部的压脚随着针杆在面料上走动而上下运动。缝制厚的织物或弹力织物时，双送压脚也可均匀送布。控制杆可以插进双送压脚中进行调节，以调整绗缝线之间的距离。确定位置后，所有的绗缝线都是等距的。

提示： 缝制粗体印花或条纹面料时使用该压脚，图案可与长度匹配。

开趾压脚/透明压脚

如其名，该压脚在中间打开，缝纫时可轻易看到缝线。其底面有一通道可以使较厚的装饰线迹通过。

提示： 用它可以进行贴花、做司马克图案形衣褶、拼接缎带和装饰性的缝纫等操作，这些操作都需要看到针尖进入面料时的位置。

开趾压脚　　　　　　透明压脚

自由缝纫压脚

自由缝纫压脚放置在针周围，不向下面的面料施加压力，通常又长又细，备有一个弹簧，可被夹在缝纫机的针脚上。弹簧呈圆环形环绕着针，起到保护作用。使用时，可通过送布齿的升降来进行自由缝纫刺绣或绗缝。

提示： 在进行机器刺绣时，为了便于处理，需要固定面料并放置在一个绣花绷架中。

选择缝线

虽然缝纫线各式各样，但在帮助下选择每道工序最适合的缝线是很容易的。在这里我们将认识缝线的类型、其对应的特征以及最恰当的用途。

通用缝线❶

通用的缝纫线是由高捻纤维制成的。其成分可能是涤纶、丝光棉，或棉覆盖着涤纶芯，以发挥两者的最佳性能。这种缝纫线适用于普通的缝纫工序，如缝制服装、窗帘、布偶玩具等。

棉线❷

100%的丝光棉缝线最适用于缝制棉织物。缝制好的服装可烫洗，而不用担心线的老化，且缝纫线和面料具有同样性能。棉线不像涤纶线那样有弹性，所以也可使用棉线作为装饰缝线和功能缝线。

丝线❸

在缝制丝绸和羊毛面料时会使用丝线，因为它们都是天然的动物纤维，且性能相似。丝线适用于机缝，但也适合无结手缝。由于丝线价格昂贵，涤纶线也可以作为许多工序的廉价替代品。

机绣线❹

机绣线通常由人造丝或涤纶制成，光泽感好。这种线非常的精细，可通过机绣来填充色块，一般配合使用机绣针和特种底线（参见对页）使用。彩色线可以营造出阴影效果。

金属线❺

金属线由是细金属丝制成，可缠在芯线的外面起到加固作用。它们为缝制工序添砖加瓦。使用金属针和特制梭芯线可以避免断线。

明线❻

明线、纽扣线或装饰线比通用缝纫线更加粗厚。这使得所需的缝线要更加结实，所以用作装饰明线、纽扣缝线和缝制装饰面料来说是完美的选择。采用针眼较大的明线针来缝制。

假缝线❼

假缝线或加固线比较松散，没有通用缝纫线那样结实，这使得它成为临时缝合的理想选择，因为在不需要之后，可以在不破坏面料的情况下拆除掉。

隐形线❽

隐形线是一种透明的细丝，柔软而有弹性，可以像正常缝纫线一样缝制。由于没有颜色，所以可以缝入面料而不被看见。

手工刺绣丝/线❾

这种手工刺绣丝线为绞合刺绣线，绞线缠绕成束。通常由棉、丝或人造丝制成。可以成股使用也可以将其分开可进行精细缝合。手工刺绣也可使用由珍珠棉制成的加捻线。手工刺绣丝线适用于刺绣、装饰和十字绣。

锁边线❿

锁边机使用大量的缝纫线缝合和整理缝边，因此可在大线卷上使用长度为3000~17000英尺（1000~5000米）的线。锁边线的颜色通常有限，但已经足够缝制了。

梭芯用线

将非常精细的白色或黑色缝线绕在梭芯

上，可进行机器刺绣。由于该缝线非常细，可以在梭芯上缠绕的量更多，减少了重复绕线的次数。它不会影响在表面使用的颜色。这种线也可用于梭芯底线。

> ## 试一试

- 选择高质量的缝纫线用于每道缝制工序，并可保留由亲戚和朋友送给自己的老式卷轴线，作为纪念品。旧的线用在现代织物上很长时间后会磨损或崩坏，导致接缝处分开，口袋脱落。

- 为缝纫线选择合适的针（手针或机针）。比如，有结实针眼的机针适合缝制金属丝，而双线针的针眼更长，适合与绣花线一起使用。

- 尽可能将缝纫线成分与面料纤维成分相匹配。使用棉线配棉布，涤纶线配合成纤维面料，丝线配丝绸或羊毛面料。如果难以匹配，则尽量选择高质量的缝纫线。

专用缝纫线

专用缝纫线可以用于许多用途。这里会提到一些，也可以去看一下当地的商店，或是去看大型展览会上即将出现在市场上的新奇、特殊的缝纫线。

抽褶线

抽褶线在梭芯中使用时，缝纫线会随着熨斗的热量而收缩，从而让织物产生皱褶效果。

熔融线

熔融线用在梭芯中，非常适合贴边。一旦用熨斗对其加热，缝线就会熔化，并与下面的织物层融合。

夜光线

顾名思义，当被缝合以后，这种线在黑暗中会发光，适用于绣一些新奇的形状和轮廓。

水洗线

在缝制过程中，为了将衣片固定在适当的位置，水洗线是用来假缝的理想缝线。

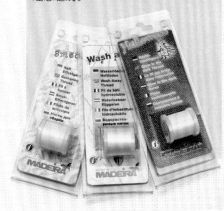

女装辅料

这里要提到的"辅料"是指缝纫工序中的拉链、缎带、带子和紧固部件等。它们有的时候会被忽略，但却是至关重要的。

如果只是利用现有纸样，必须检查纸样袋背面的材料清单。但如果正在设计自己的服装，那就需要考虑一下需要什么辅料以及需要多少——如纽扣的数量和尺寸、装饰衣边所需的缎带和长度。购买面料时，必须同时考虑辅料的选择，以得到更好的色彩搭配，也避免反复购置了。

拉链

拉链有多种类型，可用于各种服装和工序（参见第128~145页）。

用途：拉链有各种用途，从用于牛仔裤上的蓝色结实的金属齿拉链到用于晚装上的轻质的开口拉链。

技巧：选择合适的压脚让装拉链变得更加容易——如隐形拉链压脚或可调节的拉链压脚（参见第22~23页）。

纽扣❶

各种尺寸、形状和样式的纽扣可以缝制到服装上作为紧固部件和装饰（参见第120~125页）。

用途：紧固服装和各种类型的包。

技巧：合理选择纽扣，并缝制适当尺寸的扣眼以和纽扣大小相匹配。

缎带❷

缎带有不同的宽度，颜色多种多样，以满足各种用途。涤纶缎带的光泽感很好，相对硬挺，而人造丝制作的缎带光泽则柔和一些。

用途：装饰领子、袖克夫和底摆，或者使用较窄的缎带制作挂环。

提示：用精细的手工缝线缝合缎带每个边缘，或使用有直线线迹和预处理的毯式线迹的缝纫机缝合。使用微型机针以避免损坏缎带。

彼得舍姆（Petersham）缎带❸

这种坚硬、紧密编织的带子既可以是笔直的，也可以是弯曲的，其边缘处呈脊状。它与罗纹缎带类似，但更加硬挺和坚实，完成的成品也会更加结实。

用途：可用作一个结实的腰带。也可用作帽子顶部的内缘，在其周围缝制一圈，有助于帽子塑形。

提示：由于彼得舍姆缎带可弯曲，贴合人体曲线，所以有些人很喜欢它。

罗纹缎带❹

罗纹缎带硬挺结实，多种宽度可供多种用途。带有心形或花形的新奇设计很受欢迎，也是平纹织物。

用途：可作为保护裤子内侧边缘的面料，或者用作腰带。也可用来装饰夹克或裙子的外侧边缘。

提示：在适当的位置上机缝或手缝以保持其平整。若要用罗纹缎带来装饰曲边边缘，应预先压烫使其定形。

波曲形花边带❺

装饰性的编织带和曲折形的带子可以用来美化服装。很多款式和设计适应于各种服装。

用途：奢华的编织带可美化夹克的边缘和袖克夫。多种颜色的波曲形花边带可适用于多种服装。

提示：合理选择编织带，并在适当的位置用细小、看不见的缝线手缝。使用丝线和小号缝针。选择合适的颜色和匹配的线迹，用机器缝制波曲形花边带。

绳带❻

不同用途的装饰性和功能性绳带有不同的名称。管状绳（有多种直径可供选择）可以外包斜裁条插入布边。大鼠尾绳是一种光泽度好的管状绳，而小鼠尾绳更纤细。

用途：外包型的管状绳可以修饰布边，用于接缝线或者需要装饰细节的服装。光泽度好的鼠尾绳适合用于钉绣装饰，同时也可以用于有肌理的束状平行线迹。

提示：使用拉链压脚或管状压脚贴着绳子缝合。

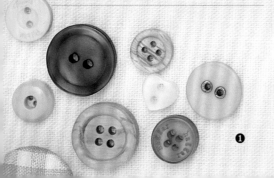

❶

热熔胶 ❼

热熔胶是一种较干的胶水膜，当用熨斗加热时胶水就会熔化，使两层粘在一起。它通常以 3/4 英寸（1.5 厘米）宽的带子，或带有纸背衬的薄片呈现，以便于使用。它可成批购买，也可以在街边小店里购买。街边小店以件或卷的形式售卖。

用途： 条状热熔胶适用于裤子底摆，纸背热熔胶适用于绣花贴饰。

提示： 制作绣花贴饰时，需要剪一片热熔胶，用熨斗将其熨在面料的反面，然后裁剪出精确的形状，即得到干净的边缘。

斜裁的包边条 ❽

斜裁的包边条是一种对面料进行斜裁的带子，并将其折叠好，为缝纫做准备。它有各种各样不同的颜色，还有漂亮的印花、条纹等新奇的式样。

用途： 包覆和清理缝边。

提示： 缝制斜裁的包边条时需用颜色匹配的缝线。在缝制包边条时，可调节的包边压脚是很有用的工具。

斜纹带 ❾

这种白色或黑色的窄条带子具有清晰可见的纹路，以满足你不同的需要。传统的一般都为棉斜纹带，现在有时候也采用涤纶制作。

用途： 保持布边和腰头尺寸稳定，防止其拉伸变形。

提示： 因为斜纹带不允许混纺，所以应选择棉含量为 100% 的带子，在缝制之前可进行预缩处理。

第二章

准备工作

我学校的缝纫老师曾经说过："准备不好就是准备失败。"这些年，我渐渐地明白了这个道理。无论从事的工作有多么简单或者复杂，做好准备将有助于更好地完成这项工作。它将使所有的缝纫工具和设备各就各位。有一句法国格言是这样说的："备餐到位"，意味着将所需要的一切都放在一起。我喜欢写清单，有点像为了特定的菜谱而写的购物清单，其中包含了整个工序所需要的所有原材料。这需要我们更专注地思考我想要去创造和实现什么。提前做好规划可以省去日后的许多麻烦。

认识面料

　　面料是缝纫的原材料，也是一项工序的起点。在商店里面看到各种颜色华丽、带有漂亮印花的面料能让我们感觉就像孩子在糖果商店里面一样——但同时也会让我们感到眼花缭乱。

　　根据面料的柔软度和悬垂性来合理选择，并利用它来创造一件完全适合自己的服装，这也是实现梦想的过程。参观面料商店是一次感官体验，我们经常会因一些特殊面料的手感、外观、图案、颜色而被其吸引。如果打开自己的衣橱，看自己最喜欢的那件服装，我猜你喜欢这件衣裳的主要原因是其面料。或许你会因为面料的凉爽和飘逸而选择那件夏天的裙子，又或者会因为面料将外形塑造地更加漂亮而选择那条羊毛裤子。我们选择面料，都是利用其特性而让某件服装变得更加理想。

　　用于描述不同面料的术语是相当专业的。然而，也是值得了解的。面料由不同的纤维经过纺纱，再通过机织或针织的方式制成。机织或针织的方法也会影响面料的质量。比如，尽管采用了相同的纤维，但结构紧密、轻薄的羊毛绉织物完全不同于斜纹机织的羊毛套装。

纤维	来源	描述	性能
天然纤维	动物来源（蛋白质），如丝和毛	羊毛是一种毛发，就像人类的头发一样，它被微小、重叠的鳞片覆盖，它有一定的卷曲，使其在缠结时也能让空气正常流通	羊毛柔软、有温暖感、吸湿性好。但覆盖在毛发表面的鳞片容易移动和收缩，导致羊毛容易缩水。需小心护理，建议手洗
天然纤维	植物来源（纤维素），如麻和棉	表面光滑，纤维有一定的扭曲	强度和吸湿性好，但不容易干。易皱，可在高温下洗涤和熨烫
人造纤维	重组纤维素纤维，如黏胶（人造丝）、莫代尔和醋酸纤维	表面光滑，手感柔软。通常以连续不间断的长丝纺织而成	由于人造纤维是从纤维素中提炼出来的，所以有着与麻、棉相似的性能，但是其湿强度较低，所以在洗涤时要小心护理。人造纤维的悬垂性好
合成纤维	石油产品，如涤纶、尼龙、莱卡和丙烯酸纤维	合成纤维一般由连续长丝纺织成，看起来像玻璃棒一样。表面光滑，光泽感好	强度好，质地轻，耐磨性好。快洗速干，吸湿性较差

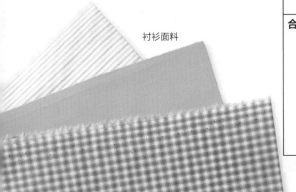

衬衫面料

机织面料

一般来讲，中等重量的机织面料比较容易处理，是初学者的最好选择。硬挺而厚重的面料，或那些特别轻薄柔软的面料，缝制相对困难。

牛仔布

结构： 平纹，棉机织物。

描述： 最初是为工作服设计的，这种蓝色的棉织物吸湿性好，强度高，而且耐穿。这种面料既有中等厚度的，也有非常厚重的，作为日常服装的流行面料受到了广大消费者的欢迎。

用途： 轻薄一点的牛仔布可用作衬衫或者裙子的面料，厚重一点的牛仔布可以作为牛仔裤、裙子和休闲夹克的面料。

提示： 应使用强力牛仔布用针，并将缝纫机针距加大到每英寸8针（3毫米）。牛仔布的平缝效果很好，用对比强烈的明线平缝是流行的装饰方式。

细棉布

结构： 棉，平纹机织。

描述： 光滑、精细且质地轻薄的面料，有素色的，也有印花的。

用途： 是裙子、衬衫、女上衣和贴身内衣的理想选择。可以用在服装的内层作为衬里以增加时尚面料的骨感。

提示： 应使用刃长、锋利的剪刀，打造干净利落的边缘，使用标准尺寸的9号缝纫机针缝制，缝线密度为每英寸12~10针（2~2.5毫米）。平缝和法式缝缝制效果很好，使用双针或翼针的装饰性缝线，能够创造出迷人的装饰效果。

薄绸

结构： 丝绸或合成纤维的平纹机织物。

描述： 这种面料质地柔软而透明。传统方法都是采用丝绸制作而成，如今普遍采用涤纶进行制作。

用途： 薄绸用作裙子、衬衫和围巾的面料很受欢迎，它经常被用在多层面料中，或在其下面加衬里。

提示： 用长刃锋利的剪刀裁剪面料，并用标准尺寸为9号的新缝纫机针缝制，以避免缝纫时受阻。将缝纫针距缩短到每英寸12针（2毫米），并使用法式缝进行整理。

衬衫面料

结构： 棉、丝绸、亚麻或涤棉混纺，机织物。

描述： 面料细腻，无论是素色、印花，还是色织条纹或格子，通常都具有光滑的表面。

用途： 衬衫、女上衣和裙子。

提示： 根据面料的厚度，选择标准机针或中等尺寸的针（9~11号），使用中等的缝纫针距，每英寸的针数为10针（2.5毫米）。选择平缝和法式缝进行缝制。

白棉布

结构： 紧密的棉机织物。

描述： 这种平纹织成的，未经漂白的牢固棉织物有各种克重可供选择。

用途： 使用这种白棉布可制作样衣，以便于在设计时观察服装的合体度和款式造型。白棉布在进行手工制作和布袋制作时也很受欢迎。

提示： 使用标准尺寸的针以适应面料的厚度，并选择每英寸10针的缝纫针距（2.5毫米）。使用平缝缝合。

亚麻布

结构： 平纹机织的天然面料。

描述： 亚麻布有着明显的平纹组织结构，需进行相关后整理，否则容易产生褶皱。

用途： 亚麻布是夹克、裤子、裙子和套装的经典面料，由于其质地轻薄，也可制作出良好的衬衫和裙子。

提示： 用锋利的剪刀进行裁剪，以打造出干净利落的布边。亚麻布容易发生脱散，需快速缝纫。注意在缝制前要清理掉缝边。采用标准尺寸的针进行缝制，使用中等的缝纫针距，每英寸的针数为10针（2.5毫米）。选择平缝线迹。

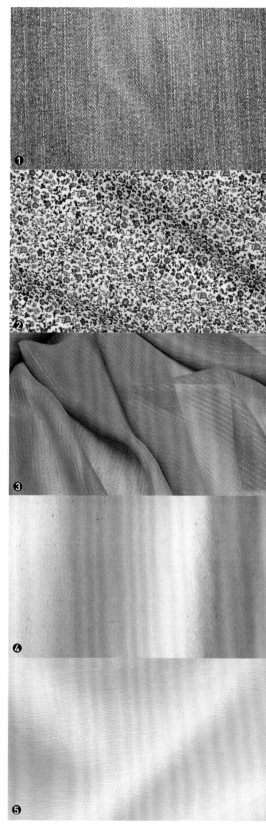

❶牛仔布 ❷细棉布 ❸薄绸 ❹白棉布 ❺亚麻布

丝绸面料

这种天然纤维是将蚕茧剥开并纺丝成线，然后织成面料。

绢丝绸

结构： 平纹机织丝织物。

描述： 这是一种质地不均匀的轻薄面料，可编织成的竹节纱。光泽暗淡。

用途： 可用作夹克、套装、裙子和裤子面料，通常作为晚礼服和日常服面料。

提示： 易发生脱散，注意缝制前要整理毛边。使用标准尺寸为11号的缝纫机针，并选择丝线或涤纶线。使用平缝缝合衣片。

真丝欧根纱

结构： 平纹机织丝织物。

描述： 这种透明的织物是由高纺线编织而成，细腻、结实、挺括。

用途： 在里面加衬，可以用作晚礼服面料。100%的真丝欧根纱是一种实用的衬里，能够支撑面料，而不增加重量。

提示： 使用精细的尺寸为9号的缝纫机针进行缝制，并使用法式缝仔细缝合。采用涤纶线或丝线进行缝制。

丝缎

结构： 丝织成缎（涤纶和醋酸纤维也很受欢迎）。

描述： 缎织物反射光的效果很好，表面上有许多扁平线，所以面料光泽感好。

用途： 由于表面的纱线很容易受损，缝制的服装都很精致，更适合用在特殊场合和晚礼服上。

提示： 使用新的、锋利的微型针，防止纱线受损，缝纫针距采用每英寸10针（2.5毫米）进行缝制。法式缝接缝效果比较好。采用丝线或涤纶线进行缝制。

电力纺

结构： 平纹机织丝织物（也有可能使用的是涤纶）。

描述： 这种精细的平纹面料非常柔软、轻薄。

用途： 真丝电力纺可以用来做贴身内衣和衬衫。它也是外套、夹克和裙子的内衬面料的理想选择。

提示： 用长而锋利的刀片裁剪，或使用带有自愈垫的旋转剪刀（参见第60页）。选择精细的9号微型缝纫针，针距采用每英寸12针（2毫米）进行缝制。法式接缝效果比较好。频繁地换针能够避免对丝绸造成损坏。采用丝绸或涤纶缝线。

❶绢丝绸 ❷真丝欧根纱 ❸丝缎

（从左到右）手风琴折叠式中式丝绸，真丝电力纺，真丝欧根纱。

羊毛和羊毛混纺面料

　　不同的羊毛面料差异很大，主要取决于纤维的来源，是纯毛纺的还是和其他纤维混纺的，以及面料的织造方式。羊毛面料可以用来制作裤子、外套或厚重的针织毛衣。

精纺羊毛织物

结构： 平纹或斜纹机织羊毛织物。

描述： 精纺羊毛纱线是由长的、高捻的精梳纤维制成的。表面光滑精细、强度好。

用途： 可以用精纺羊毛面料来制作套装、夹克、裙子和裤子。

提示： 用锋利的大剪刀进行裁剪，采用标准的11号针和质量优良的涤纶线进行缝制。使用中等缝纫针迹，每英寸的针数为10针（2.5毫米），用平缝线迹来缝合衣片，再进行劈缝压烫。熨烫时要小心，使用熨烫布保护面料的表面，以免表面出现极光。

绉纹呢

结构： 捻织。

描述： 绉纹呢可以用羊毛制成，也可以用丝、合成纤维或混纺纤维进行制作。绉纹呢表面突起，不容易发生皱缩。尽管是机织面料，但也会有轻微的弹性。

用途： 绉纹呢适合用来制作礼服、裤子和裙子，最适合制作那些柔软、悬垂性好的款式。

提示： 在裁剪之前，要对绉纹呢进行预缩，采用标准的11号针进行缝制，针距调到每英寸11针（2.3毫米）。采用平缝缝制，再进行劈缝压烫或使用锁边机。

仿羔皮呢

结构： 机织或使用花式纱针织。

描述： 一般采用羊毛或羊毛和合成纤维混纺而成，仿羔皮呢有浓密和卷曲绕圈的表面纹理。

用途： 用锋利的剪刀裁剪面料，使用12号针进行缝制。选择针距为每英寸10~8针（2.5~3毫米），如果面料弹性很大，可选择弹力线或窄锯齿形针迹。

粗花呢

结构： 松散的机织物，原料为羊毛、丝绸、合成纤维或混合纱线。

描述： 为了得到华丽的效果，粗花呢通常由厚而粗的纱线织制而成。尽管是机织的，但其尺寸并不稳定，在剪切的边缘处纱线容易脱散。

用途： 可用来制作夹克和外套。

提示： 注意在裁剪后和缝制之前要迅速地整理毛边。或裁剪一块轻薄的热熔黏合衬黏在衣片上，以减少脱散。使用11号或12号机针，并将针距调到每英寸10~8针（2.5~3毫米）。添加衬里或者给缝边包边，以完成服装的制作。

格纹呢

结构： 斜纹机织，羊毛或羊毛混纺纤维。

描述： 面料内部的图案是由不同颜色的纱线按一定次序编织而成的。机织的密度可紧可松。

用途： 格纹呢在某些季节相比其他面料更受欢迎，可以用它来做褶裥短裙、裙子、裤子、夹克和外套。

提示： 将纸样放置在面料上时，注意对条对格。采用标准的11号或12号针进行缝制，并将针距调到每英寸10~8针（2.5~3毫米）。调整缝纫机的压脚，使面料均匀地喂入，有助于对条对格。

大衣呢

结构： 机织，羊毛或混纺纤维。

描述： 厚重、温暖。

用途： 顾名思义，该面料可用来做大衣和冬天的夹克。

提示： 由于其厚度较厚，在缝制时会遇到一些困难。在缝制时，上层面料的喂入速度往往会超过底层的面料，所以需要调整压脚，使面料均匀地喂入。使用长一点的剪刀进行裁剪，采用14号缝纫机针进行缝制。加长针距，每英寸的针数为8针（3毫米），这对于缝制厚重的面料来说效果更好。

❶绉纹呢 ❷仿羔皮呢 ❸粗花呢 ❹格纹呢

针织面料

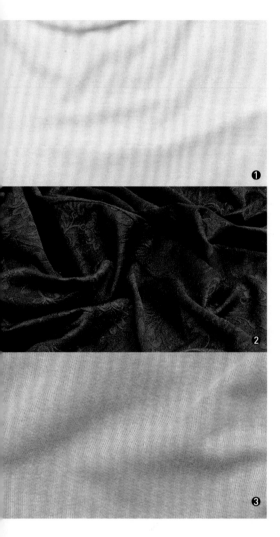

针织面料不是由机织的经线和纬线组成，而是由线圈构成的。过去用来制作针织面料的纱线纤维可能是天然羊毛、棉花、合成纤维，或是这些纤维的各种混纺纱。

棉针织物

结构： 针织。

描述： 轻至中等弹力棉。拉伸性和吸水性好。当与氨纶混纺时，弹性回复性能会更好。面料可以用纯色染色，也可以表面印花。

用途： 通常用来做 T 恤、连衣裙、裙子和内衣。

提示： 如果缝纫机缝制的话，使用弹力针和弹力线。如果不行的话，就将锯齿形线迹设置成标准长度和较窄的宽度，这样织物在受到拉力的时候，接缝线就不会滑移。对于棉针织物而言，锁边机是一个很好的工具。

紧身针织物

结构： 针织，黏胶纤维 / 人造丝。

描述： 黏胶纤维 / 人造丝是一种重磅纱线，有束身的效果。采用针织的方法织造时，织物的弹性和悬垂性会非常好。

用途： 为了得到更好的悬垂效果，该织物有

不同克重，可以用它来制作连衣裙、裙子、开襟羊毛衫和休闲夹克。

提示： 可在工作台上覆盖一层棉布，将织物放上去，防止裁剪时织物出现滑移。在缝纫时选择合适的弹力针和弹力线。压脚也有助于更均匀地喂入织物。如果可以的话，采用锁边机进行缝制。

汗衫面料

结构： 针织。

描述： 棉质汗衫比很多其他的针织物更加的牢固，且弹性好。表面是针织结构，反面柔软。

用途： 用于制作运动服和休闲服。使用这种温暖、舒适的织物也可制作宽松的裤子、汗衫和休闲的带拉链的夹克。

提示： 如果使用缝纫机的话，选择 12 号或 14 号的弹力针或圆头针。如果采用锁边机，也应选择弹力线和合适的压脚进行缝制。底摆采用双针来模仿工业针迹。

黏合辅料

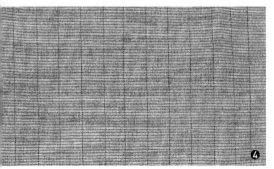

①棉针织物 ②紧身针织物
③汗衫面料 ④内衬

一些特殊材料是专为服装的内部结构设计的，在服装的表层是看不到的。这些材料对于制作一件完美的服装来说是至关重要。

内衬

结构： 蓬松纤维。

描述： 这种材料是由黏合纤维制成的，不易发生脱散或拉伸，内衬被用作内层，易于隐藏，对领子、袖克夫和挂面起到支撑作用。

用途： 用来支撑领子、袖克夫和挂面。

提示： 根据所使用的面料选择适合克重的内衬，如果不够有把握，可选择克重较轻的内衬，否则做出来的效果有时会"太脆"。修剪缝边可以减少体积。

特殊场合面料

特殊场合下穿的服装会使用最奢华昂贵的面料。采用来源广泛的纤维、多种方式织造,创造出特殊的面料和服装。

丝绒

结构: 反面是机织结构(有时候会是针织结构),表面绒毛浓密。

描述: 不同的丝绒由丝绸、棉、黏胶纤维/人造丝或涤纶制成,会对其手感产生影响。它由背衬固定在一起,材料厚实。针织结构的丝绒面料悬垂性很好。

用途: 适合制作夹克、裙子、短上衣和特定场合的服装。由于丝绒的悬垂性很好,是制作裙子和连衣裙的理想选择。

提示: 在相同的方向上裁剪所有的衣片,保证同一方向上光线一致。熨烫时要注意,用一层同样的丝绒覆盖,且使用非常轻的压力以避免毁掉绒毛。使用标准的12号针,并采用每英寸8针(3毫米)的针距。使用平缝线迹,并用手指按压。如果要装拉链的话,可以用隐形拉链隐藏明线。

蕾丝

结构: 网格形状,针织或钩编结构。可以无弹,也可有弹性。

描述: 蕾丝是一种融入了复杂图案和设计,精致而透明的面料。在质量和价格上参差不齐,并有全幅蕾丝或各种宽度的蕾丝花边。

用途: 使用蕾丝花边可以作为裙子、连衣裙、女上衣和贴身内衣的装饰。全幅蕾丝是婚礼服和晚礼服的完美选择。

提示: 用长的大头针进行固定,并用优良的9号缝纫机针进行缝制。折叠接缝以保留图案设计,并用锯齿形线迹进行缝纫,再剪掉多余的量。

仿生面料

这些面料的出现使得在不伤害任何动物的情况下,就可以得到动物毛皮外观的面料。

假毛皮

结构: 带有浓厚绒毛的针织物。

描述: 假毛皮,模仿各种类型的动物毛皮,并进行相应的染色。绒毛的长度和完成后的质量参差不齐。

用途: 通常,用于服装的假毛皮可以用来制作外套、马甲、帽子和饰品。

提示: 用针线或刺绣剪刀剪开背衬面料,然后将绒毛纤维分开,以避免毛皮四处散落。缝合衣片时,用弹力针进行缝制,并使用短而窄的锯齿形线迹将背衬缝到一起。

仿绒面革

结构: 针织。

描述: 现在大多数的仿绒面革真实感强,但是和真的皮革相比,更加容易清洗。

用途: 使用仿绒面革可以制作外套、夹克、裤子和包。

提示: 将所有的纸样朝同一个方向放置,进行裁剪。使用微型针缝制直线针迹,将针距调整到每英寸10针(2.5毫米)。用质量较好的涤纶线进行缝制。平接缝会带来不错的效果。

❶丝绒 ❷,❸蕾丝 ❹假毛皮 ❺仿绒面革

选择面料

为缝纫工作选择合适的面料可能会带来意想不到的效果。如果面料过于轻薄，那么将无法支撑起服装的廓型或结构；如果面料过于厚重或硬挺，那么服装的悬垂感就不会很好。记住前文中所建议的面料，因为设计师需要了解哪一种面料能达到最好的效果。在选择合适的面料时，以下有几个要点需要考虑。

这件服装是做什么用的？

在穿着这件特定的服装时，考虑一下场景，并思考将会做什么。是为婚礼而穿的服装还是去健身房穿的服装？不同的面料可以达到不同的效果。

纤维

根据服装的用途思考一下纤维的成分。涤纶缎可能有非常漂亮的图案，但是贴身穿着会很闷热、不舒适，因此，真丝绉是一个更好的选择。但是涤纶缎用作夹克的衬里能起到很好的效果，易于穿脱。

光泽

光泽感好的绸缎面料光滑闪亮，但也会突显面料上的肿块和凸起。哑光面料则可以掩藏这些凹凸不平的地方，给服装一个平整的外观效果。

悬垂性

面料的硬挺度被称为"身骨"。身骨越大，悬垂性越差，反之亦然。在商店里面检查这一点的最佳方法是从柜台上取下服装并展开服装，自行悬挂以查看其悬垂水平。

纯色或图案

纯色面料更容易处理，但是有时候我们又需要有图案的面料。请注意图案在服装上的作用。比如，如果有一个大的圆形图案，请仔细考虑前衣身图案的位置，以避免令人尴尬的情形。同样，小而精致的图案如果用在整件服装上，可能会被忽略，但用来作为对比或者用在领子上，效果可能会更好。

条纹和格子

当搭配合理时，条纹和格子看起来会很棒，但歪斜的条纹除外。要花一定的时间和精力去对条对格。一件服装上的所有条纹不可能都能匹配起来，所以要把注意力集中在最显眼的位置。条纹可以水平地穿过身体平面，垂直地从上衣向下延伸到裙子上。

● 在衣身样片上标记你打算放置条纹的位置。

● 在袖子纸样上标记那些线落在袖山头的位置。

● 将纸样上的线和面料上的条纹对齐。

哪个方向？

有些图案会有特定的方向。即使是满版图案，可能也会发现奇怪的图案错位情况。确定图案的顶部位置并标记清楚，以免忘记。我通常会在面料的边缘用针别一张便条纸，这样就不会忘记了。

磨毛/绒毛

即使使用平纹面料，也有些要点需要牢记于心。有些面料，像丝绒或灯芯绒，其绒毛需要仔细考量，它会有倒顺毛。确定哪一边是顶部，然后将纸样进行相应的放置。通常是让丝绒面料的绒毛顺着身体朝下。

→ ❶选择反差大的面料，可以强调服装的设计细节。此处的对比突出了纽扣领座和内里领座。❷为了给夹克塑形可采用羊毛粗花呢，但是衬里应该相对轻薄一点，柔软的面料容易滑过其他织物，而不会增加体积。❸了解一种面料的悬垂性，对成功地缝制一件服装起着很重要的作用。上方的褶皱领展示了平纹织物的柔软悬垂性。

衬布

衬布具有加固支撑的作用，帮助面料塑形。也可以增加面料的硬挺度，改变面料的风格——比如用在衬衫领子时。有两种基础类型的衬布：热熔衬和非黏衬（缝合衬）。热熔衬和非黏衬又都可以分为有纺衬和无纺衬（黏合衬）。

热熔衬

热熔衬的一面覆有一层热熔胶，可以熔化在面料上。带胶的一面有轻微的光泽，手感粗糙。要确保胶面朝下与面料的反面相对。切勿将熨斗板上的胶水刮下来。热熔衬用起来很简单，一旦它附着在面料上，即可将它们视作一层。其克重不同，从柔软轻巧到厚重坚硬，取决于想要它起到的支撑水平。

非黏衬（缝合衬）

和热熔衬一样，非黏衬有很多的种类和相似的特征，但是没有胶附着在面料上。因此，需要将面料层和非黏衬假缝在一起，通常缝在缝边内，以保证它们可作为一层。缝制衬垫的难度可能更大，因为必须处理多层，但它可以得到更好的服装表面效果。

有纺衬

有纺衬和常规的机织面料一样有丝缕线，所以可以保持面料表面风格，只是让它变厚了一点。它比无纺黏合衬更易隐藏，且重量和厚度也会发生变化，但它可以很好地附到面料上而无气泡或折痕。

无纺衬（黏合衬）

无纺衬没有丝缕线，由黏合纤维制成的，比如毛毡。其克重和厚度范围不同，从超细到厚重都有。相比有纺衬，它应用地更加广泛，更受欢迎。在操作时一定要阅读说明，因为有些无纺衬需要蒸汽，而有些则不需要，但是所有的黏合衬都需要压烫而非熨烫在织物上。

将衬布用于挂面处，可以确保其形状，并且支撑领窝曲线。

面料准备

一旦把纸样修改完毕，按正确的尺寸裁剪之后，就可以准备裁剪面料。

纸样将会说明所制作的服装需要的面料类型和数量。现在需要去检查面料表面疵点并进行预缩处理，以为裁剪做好准备。很多的因素会影响面料的准备，如纤维成分、组织构成和服装廓型。

预洗

无论即将使用什么样的面料，先进行预洗总是好的。这将有助于消除织物在制造过程中留下的任何残余"污垢"，并预计在初次洗涤时可能出现的任何收缩。根据制造商的指示说明对面料进行洗涤，如果无法获得洗涤信息，就像平时洗服装一样清洗面料。让面料自然晾干，用转筒烘干可能会导致面料的进一步收缩，甚至可能损坏面料。如果使用的面料在缝制完后要求干洗，可以使用蒸汽熨烫，并在熨烫过程中使用足够的蒸汽，有助于对面料进行预缩。

检查疵点

在面料晾干以后，对其进行彻底的压烫，并检查疵点。尽管不可能发现所有的疵点，但为了安心，最好在裁剪之前检查一遍，而不是事后意识到在很明显的地方有大疵点。如果确实发现了一些疵点，可以试着去避开它。

矫正

有时，如果面料被翻过来并卷起来，其丝缕线会稍微扭曲，呈菱形而不是直的矩形。为了弥补这种情况，沿着相反的对角线拉伸面料，可使它再次成为正方形。压烫面料，并让它平整冷却。

正面？反面？

平纹或是有纹理的面料，很难分辨其正反面，因为它们看起来非常相似。通常在织物的边缘处存在小的针眼痕迹（这是在拉幅整理期间织物被支撑的地方）。如果用手指去触摸这些痕迹，一面会感觉很粗糙，而另一面会感觉很光滑——而粗糙的一面就是正面。

实用的面料术语

布边 这是一条狭窄且较重的带子，沿织物的正反面延伸。在这里，纬纱（填充）线缠绕在经纱（纵向）线的边缘，并回到相反的方向编织。

经纱 纵向纱线，最先被放置在织机上以形成面料的基础。

纬纱 填充线，通过经纱上下编织，以形成面料。

丝缕线 织物的丝缕线与布边平行。在将纸样放置在面料上时，丝缕线方向必须和布边平行，以使服装的方向正确。

斜裁 正确的斜裁位于经线和纬线相交的45°。当拉到这个方向时，面料是最有弹性的，因为它不遵循丝缕线方向。如果追求较好的悬垂效果，可以使用斜裁。通过斜裁可防止在服装边缘出现不雅观的褶皱。

试一试

为了沿面料丝缕线进行直线裁剪，可从纬线中拉出一根线，即穿过织物而不与布边平行的线。当拉出一根线时，面料会发生皱缩，如果在拉拉过程中没有断线的话，这根线很明显地穿过了面料。沿着这条线进行裁剪。

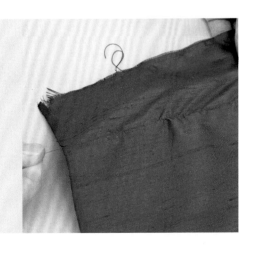

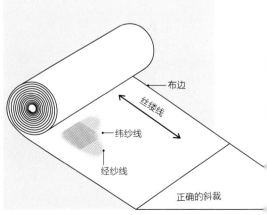

布边

丝缕线

纬纱线

经纱线

正确的斜裁

纸样袋信息

纸样袋的外面会附有所需要的重要信息。纸样信息包括建议选择的面料类型、数量、制作服装需要额外购买的东西，以及如何选择正确的尺寸。

纸样袋正面

纸样袋正面显示的关键信息，有助于顾客根据自己的体型和尺寸选择正确的服装。

服装代码（1）

用以区别每件服装，帮助顾客轻松订购。

照片和款式图（2和3）

纸样袋的正面通常显示服装的照片或款式图，并附有不同的细节。这可能是一条两三英尺长的裙子，或是一条有不同领型的裙子，一般会从正面展示所有的视图效果。照片可以更真实地了解成品服装的外观，而款式图可以通过拉长模特来增加艺术感。在选择服装时要记住自己的体型，不要被照片或款式图中优雅的模特欺骗了。

尺码（4）

尺码显示在纸样袋的正面，尺寸表通常会印刷在纸样袋的外面，有时这个信息也会在纸样袋里面。一般而言，一件服装至少会提供3个尺码，但是一些多尺码的服装可能会包含10个或12个尺码选择。确保去买最适合自己体型的服装。

尺码（4）
纸样背部的尺寸表
展示了更多细节

服装
代码
（1）

照片（2）

款式图（3）

尺码（4）

纸样袋反面

在纸样袋的反面，你会发现关于这件服装更多的细节信息。

廓型要点（5）

一些公司通过使用非常简单的三角形和矩形来代指服装款式的廓型类型。这有助于您加强对自身身材的了解（参见第46~47页），并正确地选择服装。

说明书（6）

对该件服装的服装术语给出了简短的描述和一些细节信息，比如它的合体性怎样，是否带有衬里，以及相关紧固部件信息。除了基本视图和主要插图之外，还会提供成品服装的完整视图。

辅料/缝纫用品（7）

这里包含了完成每件服装所需要的一些额外材料——比如，拉链的长度和类型，或纽扣数量和尺寸。还列出了衬里要求。

面料（8）

此处包含的相关信息有助于顾客选择合适的面料。为了更加合身，还对所需面料的克重和弹性给出了一些建议。这有助于顾客确认自己脑海中心仪的面料是否合适，或意识到之前忽略的设计方面的问题。

服装细节图（9）

图示包括了服装的前后视图，显示了接缝、省道位置和紧固部件。还会有纸样袋正面给出的照片或款式图。

面料数量指南（10）

除了提供选择合适面料的建议外，还通过图指导每件服装的尺码和需要购买的面料数量。因为面料有各种各样的幅宽，遵循这个图将有助于避免购买过少或过多的材料。

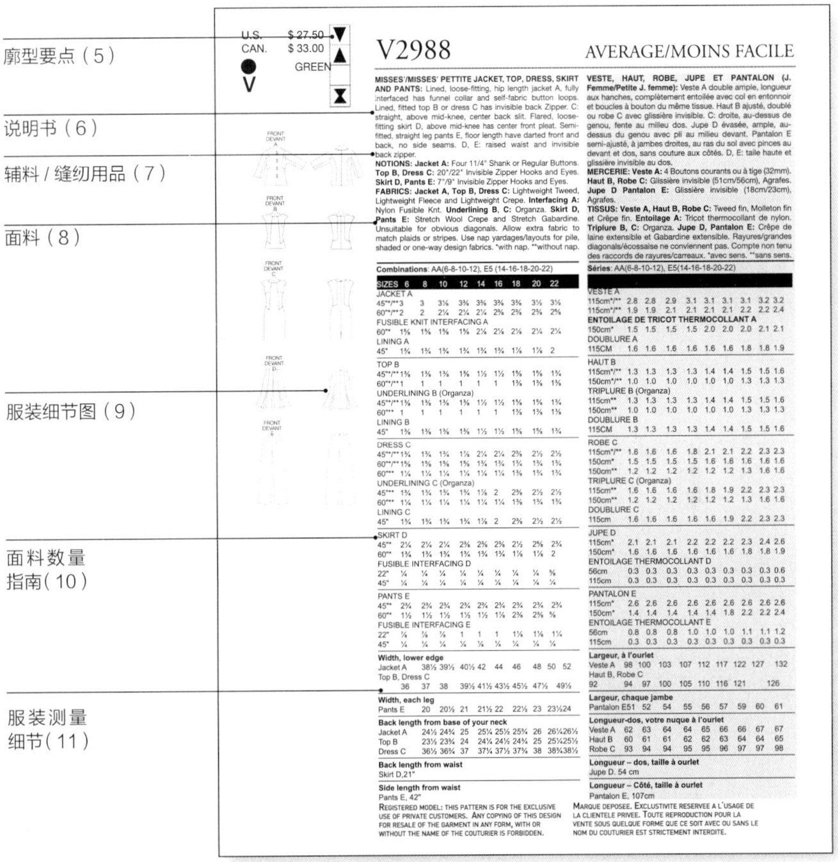

服装测量细节（11）

整件服装的所有测量数据有助于顾客更好地想象服装完成后的外观。比如，裙子的长度或一条裤子的底摆周长。这些细节并不总能在概要图或款式图中看见，同时，这也允许我们选择或拒绝特定的纸样尺寸，做出一定的更改，从而实现想要的款式。

（图中标注：廓型要点（5）、说明书（6）、辅料/缝纫用品（7）、面料（8）、服装细节图（9）、面料数量指南（10）、服装测量细节（11））

U.S. $27.50 / CAN. $33.00 — GREEN — V

V2988 — AVERAGE/MOINS FACILE

MISSES'/MISSES' PETTITE JACKET, TOP, DRESS, SKIRT AND PANTS: Lined, loose-fitting, hip length jacket A, fully interfaced has funnel collar and self-fabric button loops. Lined, fitted top B or dress C has invisible back Zipper. C: straight, above mid-knee, center back slit. Flared, loose-fitting skirt D, above mid-knee has center front pleat. Semi-fitted, straight leg pants E, floor length have darted front and back, no side seams. D, E: raised waist and invisible back zipper.
NOTIONS: Jacket A: Four 1 1/4" Shank or Regular Buttons. Top B, Dress C: 20"/22" Invisible Zipper Hooks and Eyes. Skirt D, Pants E: 7"/9" Invisible Zipper Hooks and Eyes.
FABRICS: Jacket A, Top B, Dress C: Lightweight Tweed, Lightweight Fleece and Lightweight Crepe. Interfacing A: Nylon Fusible Knit. Underlining B, C: Organza. Skirt D, Pants E: Stretch Wool Crepe and Stretch Gabardine. Unsuitable for obvious diagonals. Allow extra fabric to match plaids or stripes. Use nap yardages/layouts for pile, shaded or one-way design fabrics. *with nap. **without nap.

Combinations: AA(6-8-10-12), E5 (14-16-18-20-22)

VESTE, HAUT, ROBE, JUPE ET PANTALON (J. Femme/Petite J. femme): Veste A double ample, longueur aux hanches, complètement entoilée avec col en entonnoir et boucles à bouton du même tissu. Haut B ajusté, doublé ou robe C avec glissière invisible. C: droite, au-dessus du genou, fente au milieu dos. Jupe D évasée, ample, au-dessus du genou avec pli au milieu devant. Pantalon E semi-ajusté, à jambes droites, au ras du sol avec pinces au devant et dos, sans couture aux côtés. D, E: taille haute et glissière invisible au dos.
MERCERIE: Veste A: 4 Boutons courants ou à tige (32mm). Haut B, Robe C: Glissière invisible (51cm/56cm), Agrafes. Jupe D Pantalon E: Glissière invisible (18cm/23cm).
TISSUS: Veste A, Haut B, Robe C: Tweed fin, Molleton fin et Crêpe fin. Entoilage A: Tricot thermocollant de nylon. Triplure B, C: Organza. Jupe D, Pantalon E: Crêpe de laine extensible et Gabardine extensible. Rayures/grandes diagonales/écossaise ne conviennent pas. Compte non tenu des raccords de rayures/carreaux. *avec sens. **sans sens.

Séries: AA(6-8-10-12), E5(14-16-18-20-22)

SIZES	6	8	10	12	14	16	18	20	22
Width, lower edge									
Jacket A	38½	39½	40½	42	44	46	48	50	52
Top B, Dress C	36	37	38	39½	41½	43½	45½	47½	49½
Width, each leg									
Pants E	20	20½	21	21½	22	22½	23	23½	24
Back length from base of your neck									
Jacket A	24½	24½	25	25¼	25½	25¾	26	26¼	26½
Top B	24¾	24¾	25	25¼	25½	25¾	26	26¼	26½
Dress C	36½	36¾	37	37¼	37½	37¾	38	38¼	38½

Back length from waist — Skirt D 21"
Side length from waist — Pants E, 42"

纸样袋
纸样袋反面有很多重要的信息，包括如何计算所需要的面料数量。上图由双语显示。

纸样袋内部

在纸样袋内，信息页面可指导你认识服装的结构。打印好的纸样样片也包括在内，在使用它们之前需做好准备。

可下载纸样

越来越多的纸样公司提供可下载的纸样以及打印版本。可下载的纸样可以在家里打印并用作母片，以便查阅特殊的纸样尺寸。

纸样说明

选择好合适的面料和辅料后，下一步是阅读信息页，以获得缝制新服装的步骤概述。最好先确认所有的缝制工序，再裁剪面料。说明书将会告诉你在排料和裁剪面料时如何既经济又实用。接下来就是按照说明书所建议的缝制顺序和技巧来缝合衣片。当掌握了所有纸样信息时，就可以开始制作服装了。

款式结构线描图（1）

款式结构线描图中包含了数字或字母，展示了纸样的详细信息，以指导缝制计划。有时纸样看起来可能很相似，比如及膝裙和到小腿肚的裙子，所以线描图有助于区分它们。

纸样样片（2）

所有的纸样被列出或显示为小比例图，并编号以便在裁剪和选择时易于区别。

规格表（3）

规格表通常包含在说明书中，但也可单独印在纸上。有助于确定需要裁剪的正确尺寸。（参见第48~49页有关选择最适当尺寸的建议。）指导顾客在何处以及如何测量身体尺寸。

排料（4）

根据面料幅宽，给出了各种排料指导，说明如何最合理地进行面料摆放。这可能还包含了各类衬里。

信息要点（5）

这里的信息用于帮助理解排料指南，指示如何区分织物的正反面，以及是否必须裁剪衬里或衬布。

步骤指南（6）

简要的说明和图提供了使每一个步骤清晰全面的必要信息。一些基本的缝纫知识必不可少，而这些步骤说明都是缝制服装所需要的，只要仔细地按说明顺序进行即可。

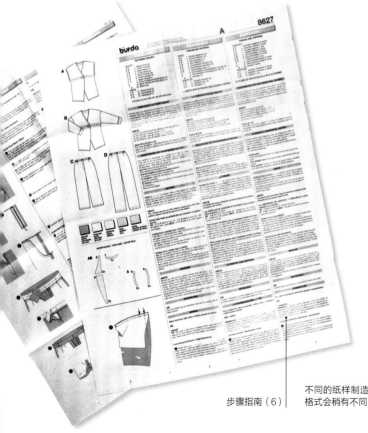

步骤指南（6）

不同的纸样制造商在展示信息时，格式会稍有不同

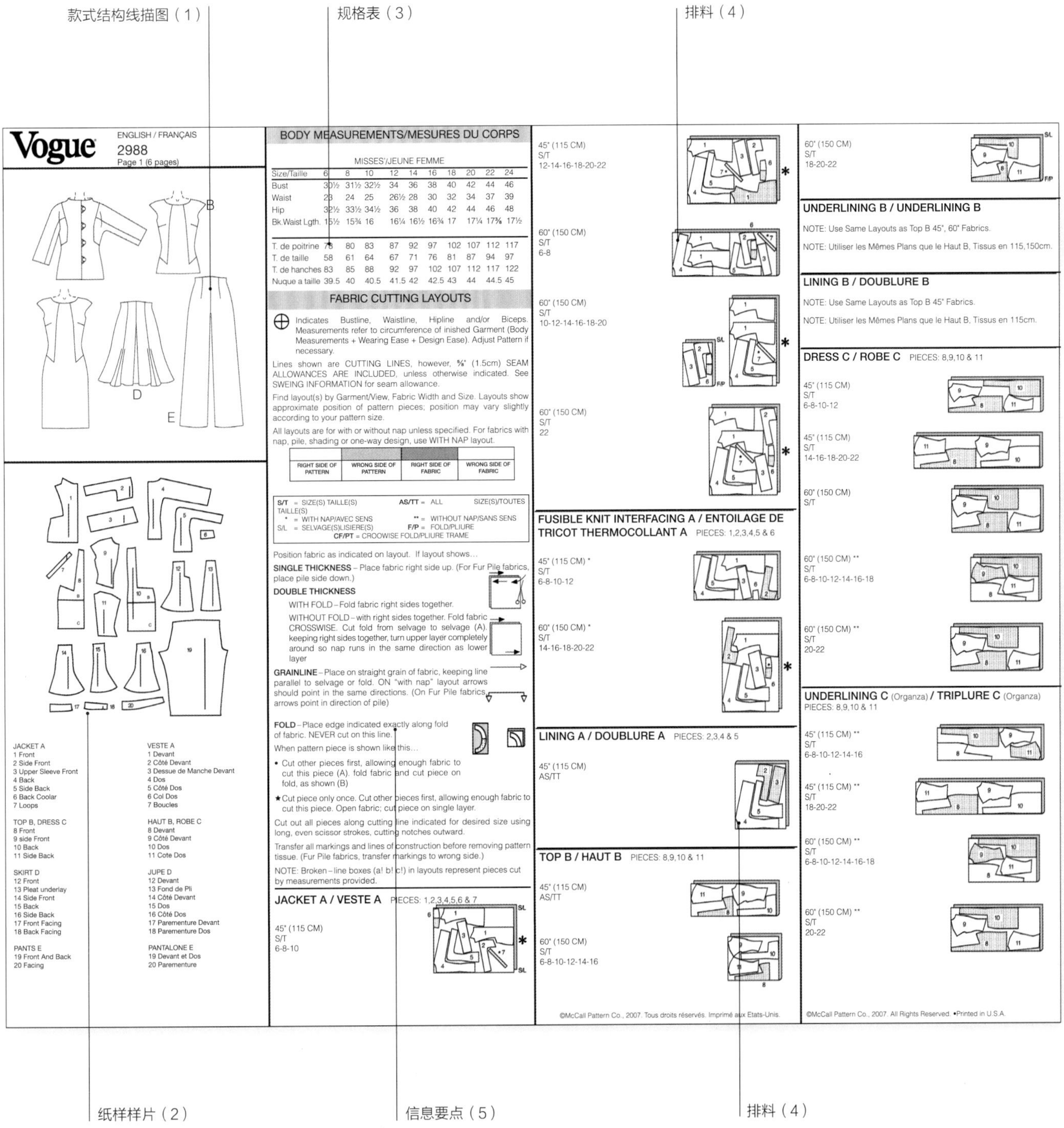
款式结构线描图（1）
规格表（3）
排料（4）
纸样样片（2）
信息要点（5）
排料（4）

Vogue ENGLISH / FRANÇAIS
2988
Page 1 (6 pages)

JACKET A
1 Front
2 Side Front
3 Upper Sleeve Front
4 Back
5 Side Back
6 Back Coolar
7 Loops

TOP B, DRESS C
8 Front
9 side Front
10 Back
11 Side Back

SKIRT D
12 Front
13 Pleat underlay
14 Side Front
15 Back
16 Side Back
17 Front Facing
18 Back Facing

PANTS E
19 Front And Back
20 Facing

VESTE A
1 Devant
2 Côté Devant
3 Dessue de Manche Devant
4 Dos
5 Côté Dos
6 Col Dos
7 Boucles

HAUT B, ROBE C
8 Devant
9 Côté Devant
10 Dos
11 Cote Dos

JUPE D
12 Devant
13 Fond de Pli
14 Côté Devant
15 Dos
16 Côté Dos
17 Parementure Devant
18 Parementure Dos

PANTALONE E
19 Devant et Dos
20 Parementure

BODY MEASUREMENTS/MESURES DU CORPS

MISSES'/JEUNE FEMME

Size/Taille	6	8	10	12	14	16	18	20	22	24
Bust	30½	31½	32½	34	36	38	40	42	44	46
Waist	23	24	25	26½	28	30	32	34	37	39
Hip	32½	33½	34½	36	38	40	42	44	46	48
Bk.Waist Lgth.	15½	15¾	16	16¼	16½	16¾	17	17¼	17⅜	17½

T. de poitrine	78	80	83	87	92	97	102	107	112	117
T. de taille	58	61	64	67	71	76	81	87	94	97
T. de hanches	83	85	88	92	97	102	107	112	117	122
Nuque a taille	39.5	40	40.5	41.5	42	42.5	43	44	44.5	45

FABRIC CUTTING LAYOUTS

⊕ Indicates Bustline, Waistline, Hipline and/or Biceps. Measurements refer to circumference of inished Garment (Body Measurements + Wearing Ease + Design Ease). Adjust Pattern if necessary.

Lines shown are CUTTING LINES, however, ⅝" (1.5cm) SEAM ALLOWANCES ARE INCLUDED, unless otherwise indicated. See SWEING INFORMATION for seam allowance.

Find layout(s) by Garment/View, Fabric Width and Size. Layouts show approximate position of pattern pieces; position may vary slightly according to your pattern size.

All layouts are for with or without nap unless specified. For fabrics with nap, pile, shading or one-way design, use WITH NAP layout.

RIGHT SIDE OF PATTERN	WRONG SIDE OF PATTERN	RIGHT SIDE OF FABRIC	WRONG SIDE OF FABRIC

S/T = SIZE(S) TAILLE(S)　AS/TT = ALL SIZE(S)/TOUTES TAILLE(S)
* = WITH NAP/AVEC SENS　** = WITHOUT NAP/SANS SENS
S/L = SELVAGE(S)LISIERE(S)　F/P = FOLD/PLIURE
CF/PT = CROOWISE FOLD/PLIURE TRAME

Position fabric as indicated on layout. If layout shows...

SINGLE THICKNESS – Place fabric right side up. (For Fur Pile fabrics, place pile side down.)

DOUBLE THICKNESS

WITH FOLD – Fold fabric right sides together.

WITHOUT FOLD – with right sides together. Fold fabric CROSSWISE. Cut fold from selvage to selvage (A). keeping right sides together, turn upper layer completely around so nap runs in the same direction as lower layer

GRAINLINE – Place on straight grain of fabric, keeping line parallel to selvage or fold. ON "with nap" layout arrows should point in the same directions. (On Fur Pile fabrics, arrows point in direction of pile)

FOLD – Place edge indicated exactly along fold of fabric. NEVER cut on this line.

When pattern piece is shown like this...

- Cut other pieces first, allowing enough fabric to cut this piece (A). fold fabric and cut piece on fold, as shown (B)

★ Cut piece only once. Cut other pieces first, allowing enough fabric to cut this piece. Open fabric; cut piece on single layer.

Cut out all pieces along cutting line indicated for desired size using long, even scissor strokes, cutting notches outward.

Transfer all markings and lines of construction before removing pattern tissue. (Fur Pile fabrics, transfer markings to wrong side.)

NOTE: Broken – line boxes (a! b! c!) in layouts represent pieces cut by measurements provided.

JACKET A / VESTE A　PIECES: 1,2,3,4,5,6 & 7

45" (115 CM)
S/T
6-8-10

45" (115 CM)
S/T
12-14-16-18-20-22

60" (150 CM)
S/T
6-8

60" (150 CM)
S/T
10-12-14-16-18-20

60" (150 CM)
S/T
22

FUSIBLE KNIT INTERFACING A / ENTOILAGE DE TRICOT THERMOCOLLANT A　PIECES: 1,2,3,4,5 & 6

45" (115 CM) *
S/T
6-8-10-12

60" (150 CM) *
S/T
14-16-18-20-22

LINING A / DOUBLURE A　PIECES: 2,3,4 & 5

45" (115 CM)
AS/TT

TOP B / HAUT B　PIECES: 8,9,10 & 11

45" (115 CM)
AS/TT

60" (150 CM)
S/T
6-8-10-12-14-16

60" (150 CM)
S/T
18-20-22

UNDERLINING B / UNDERLINING B

NOTE: Use Same Layouts as Top B 45", 60" Fabrics.

NOTE: Utiliser les Mêmes Plans que le Haut B, Tissus en 115,150cm.

LINING B / DOUBLURE B

NOTE: Use Same Layouts as Top B 45" Fabrics.

NOTE: Utiliser les Mêmes Plans que le Haut B, Tissus en 115cm.

DRESS C / ROBE C　PIECES: 8,9,10 & 11

45" (115 CM)
S/T
6-8-10-12

45" (115 CM)
S/T
14-16-18-20-22

60" (150 CM)
S/T

60" (150 CM) **
S/T
6-8-10-12-14-16-18

60" (150 CM) **
S/T
20-22

UNDERLINING C (Organza) / TRIPLURE C (Organza)

PIECES: 8,9,10 & 11

45" (115 CM) **
S/T
6-8-10-12-14-16

45" (115 CM) **
S/T
18-20-22

60" (150 CM) **
S/T
6-8-10-12-14-16-18

60" (150 CM) **
S/T
20-22

理解
纸样符号

打印在纸样上的符号看起来像是一段精心设计的代码，但是当知道如何破译这些形状和标记时，就很容易理解了。

这些都代表什么

商业的纸样公司倾向于使用相同的记号，所以他们只需要花少量的时间就可以了解各种信息所代表的含义以及使用方法。一旦能够理解这些形状或记号所传达的信息和使用方法，就能很容易地缝制任何纸样。这些记号有些能帮助面料排板，而其他的一些需要转移到面料上，从而在之后的缝制中精确匹配。

服装代码或名称（1）

每个样片都会标注其生产公司，并包括一个可以从所有纸样中将其区别开来的代码或名称。

纸样序号及名称（2）

每个样片都会被命名，且有一个数字代表其在服装中的部位，比如前片、领子、袖子、口袋等。

纸样数量（3）

纸样上会显示需要裁剪多少块面料、衬里和衬布。

缝份（4）

缝份是在裁剪线和缝纫线之间，位于纸样边缘的边框部分，这样织物片就可以缝在一起，而且边缘可以折叠。

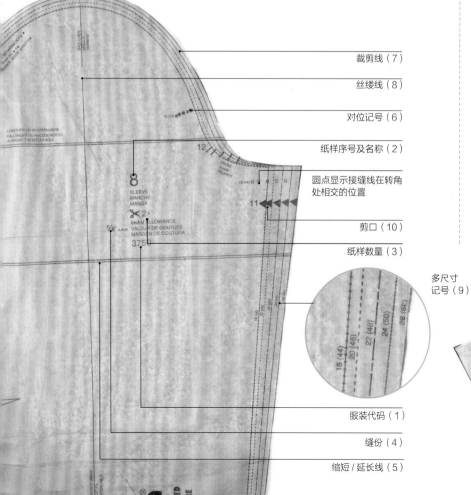

裁剪线（7）
丝缕线（8）
对位记号（6）
纸样序号及名称（2）
圆点显示接缝线在转角处相交的位置
剪口（10）
纸样数量（3）
多尺寸记号（9）
服装代码（1）
缝份（4）
缩短／延长线（5）
丝缕线（8）

缩短/延长线（5）

在样片上水平画出的双线显示了缩短或加长服装以达到适当长度的最佳位置。

对位记号（6）

打印在纸样上的记号十分重要，有助于将一组衣片放在一起。对位记号经常用于标记省道或打褶的位置，当用滚轮进行转移时这些对位记号也应该同时转移（参见第62页）。

裁剪线（7）

以前，样片按规定尺寸生产，裁剪线用实线表示，缝纫线用虚线表示。而今天的大多数纸样包括了好几个尺码选项，使用一系列线来区别不同的尺码，缝纫线外面被认为是缝份宽度。想想哪个尺寸用哪条线(虚线、点划线、实线等)，然后沿着这些线条裁剪样片。

丝缕线（8）

这是一条在末尾带有箭头的线，显示样片应该放在面料上的位置。除非有特殊的纸样说明，

否则丝缕线应和布边平行。这将确保服装的悬垂方向正确，而且在穿着时不会出现扭曲。

折叠箭头（9）

带有箭头的线指向样片的边缘，即表示样片应该放置在折叠的面料上。纸样应该准确地放置在折叠处边缘，以确保在样片中间没有多余的面料。

剪口（10）

这些标记在不同的纸样制造商那里也各不相同（它们可以是三角形，也可以是T字形），但它们都显示了如何排列衣片，并使衣片正确缝合的方法。这样可以确保衣片正确地放置在一起，并保证较长的成型接缝也能够轻松接合。同样地，将袖子装到袖窿上时，会使用单个（正面）和两个（背面）切口，以便于袖子正确地装在袖窿中。

纽扣位置（11）

用一个中间画"十"字的圆圈表示。

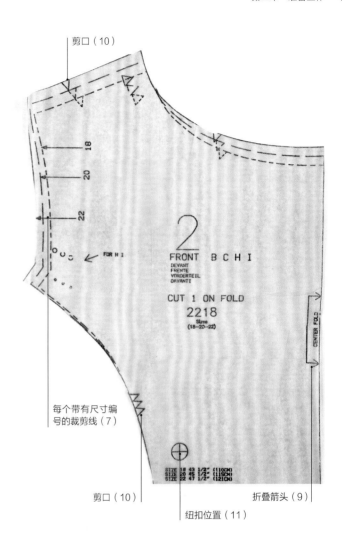

剪口（10）

每个带有尺寸编号的裁剪线（7）

剪口（10）

折叠箭头（9）

纽扣位置（11）

使用剪口

为了标记剪口，可以在其周围裁剪，也可以在缝边的位置做一个小小的剪口，这是更加快捷，且同样有效的方法。

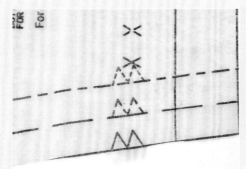

对剪口

和单剪口一样，确保双剪口与相应的双剪口缝合。

测量

自己制作服装的美妙之处在于，可以使它们适合个人的身材和体型。虽然商业纸样公司，如服装制造商，他们制作服装尺寸时，都尽量采用平均尺码，但是在用你选择的面料缝制衣服之前，还可以进行纸样修改，以获得更合身的效果。

一般的测量规则

使用标准纸样时，必须精确地测量人体尺寸，这样就可以选择最接近自己体型的尺寸。为了方便精确地测量，应遵循以下规则：

● 找一个朋友帮助自己测量尺寸。在自己无法看到的位置，很难确保卷尺水平，并伸到特定区域。找朋友帮忙会使这一过程更令人愉快，也减少了一项繁重的工作。

● 使用全身镜来检查自己是否将卷尺放在了正确的位置和正确的点之间。即使有朋友可以帮忙，镜子对你们也会有帮助。

● 在进行测量时穿着贴身的内衣，不要在宽松的服装上进行测量。完整地测量每一个肢体和身体部位，以确定其长度和围度。

● 站直，双脚并拢，屏住呼吸。以得到准确数据。

● 精确测量，确保尺子扁平，起始点正确。使用相应的指南可以帮助您了解如何进行每次测量。

● 将尺子牢固地(但不要太紧)放在身体周围，不要留下任何松量。松量可根据纸样的舒适性和风格设置，这里没有必要添加松量。

人体主要尺寸测量

水平方向：

胸围（1） 用尺子水平测量胸围一周。为了实现这一点，穿着贴身的胸衣至关重要。

腰围（2） 在人体上半身中间轻轻地系上一段柔软的弹性带，它会自动下落到腰部的位置。在这个点上进行测量。

臀围（3） 这是臀部最丰满的地方，它的位置因人而异。

前胸宽（4） 通过前中线在胸围线以上的位置进行测量，从一个袖隆底点到另外一个袖隆底点，在颈窝点水平向下3英寸（7.5厘米）左右的位置。

后背宽（5） 通过后中线测量袖隆之间的距离，在突出的颈骨下方大约6英寸（15厘米）的位置。

肩宽（6） 测量颈部边缘到肩点之间的距离。

上臂围（7） 将手放在腰部或臀部，手臂稍微弯曲，把卷尺放在肱二头肌周围测量。

手腕围（8） 增加少许的松量，测量手腕围。

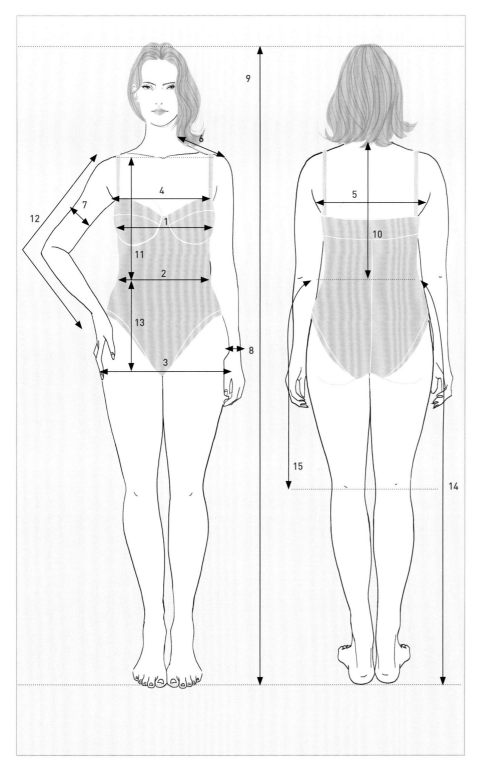

垂直方向：

身高（9） 不穿鞋，双脚并拢，脚后跟贴墙面，将身高在墙上标记。

后背长（10） 从第七颈椎点测量到腰部，用前页弹性带方法找到腰部位置。

前腰长（11） 从肩部开始测量，经过胸高点到腰部位置。

臂长（12） 将手放在臀部上，从肩点到手腕围，顺着肘部的曲线进行测量。

臀长（13） 从腰围测量到臀围。这是标准的测量方法，但知道如何与标准比较，从而做出适当的修改也是很重要的。

腰高（14） 顺着臀部的轮廓，测量从腰部到地板的距离。

膝长（15） 测量从腰部到膝盖中间的距离。

尺寸表
和尺寸测量

选择适合您身体尺寸的服装规格对于实现服装合体性至关重要。

复印这个

写下所有的测量数据，并记住，如果体型随着时间的推移而改变，记得重新测量。

测量表		
测量部位	标准测量	个人测量
1. 胸围		
2. 腰围		
3. 臀围		
4. 前胸宽		
5. 后背宽		
6. 肩宽		
7. 上臂围		
8. 手腕围		
9. 身高		
10. 后背长		
11. 前腰长		
12. 臂长		
13. 臀长		
14. 腰高		
15. 膝长		
16. 上裆长		

精确测量

当你或者你的朋友在给你测量身体尺寸时，最好是站在全身镜的前面。在进行水平测量时，让尺子与地面保持平行，确保尺子扁平，没有出现扭曲。保持卷尺服帖但不要太紧，始终保持正常呼吸。

记录测量数据

复印这里提供的表，把测量的所有结果写在右边的栏里。使用第46~47页的图示，了解测量人体尺寸的位置。将个人测量结果与那些由纸样公司提供的数据进行对比。这些数据可以在纸样袋的外面找到，有时也会印在里面的纸上。确定你最接近的尺寸，并将这些测量结果记录在个人测量一栏。标出异常尺寸（例如，胸围

多尺寸纸样

纸样通常会提供一些尺寸以供选择，方便为各种身材的人制作合身的服装。一般可能有三个或四个尺寸，一些多尺寸纸样也会提供更多的选择。多尺寸的优点在于可以仅购买一种纸样，然后选择不同的裁剪线，实现对不同体型相对良好的合身效果。因为大多数人的尺寸都是不标准的，我们可以将商业纸样进行调整，制作出个人的合身效果。

尺寸或背部长度），并在裁剪和调整纸样时格外注意。

测量样片

在确定要裁剪的尺寸之前，请根据实际纸样检查测量值。为此，挑选相关的样片，测量纸样在不加缝份和省道的情况下的实际值。牢记松量是包含在样片内的，所以应对纸样尺寸和测量值进行比较。

裁剪纸样

确定最适合的尺寸后，可开始裁剪纸样。如果需要调整纸样，请立即进行调整（参见第64~67页）。通用规则一般是根据臀围测量结果选择裙子和裤子，根据胸围测量结果选择上衣和夹克。但也有特殊情况，重要的是要对自己的整体身材有感觉。比如，如果骨架很小，但胸部却很大，使用胸部的测量结果将会导致一件服装可能在胸部的位置很合适，但是在其他部位过于宽大。在这个例子中，就要考虑到肩部、背部和前胸宽的测量结果，并在纸样上加大胸围量。

测量样片

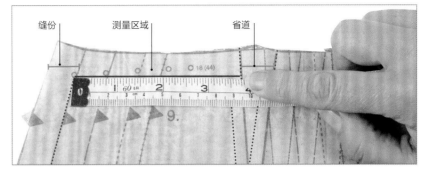

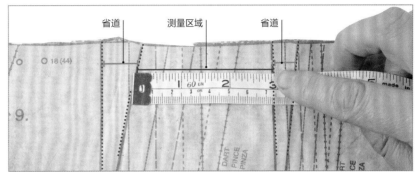

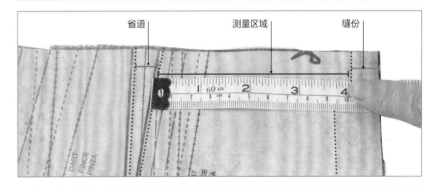

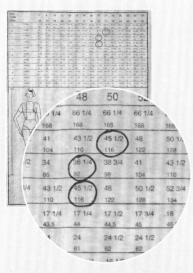

将自己的测量值记在尺寸表中，并记在与标准测量值相关的位置上。根据所需的尺寸决定服装尺寸。如果其中的一个测量值出现了异常，那么纸样就需要在这个地方做单独调整。

找到相关的样片并将它们平放，注意所需尺寸的关键裁剪线（参见第44~45页）。

用彩色钢笔或铅笔画出所需的裁剪线，并绘制新的线条进行调整，注意线条的流畅。在接缝处，确保两个纸样上的线条都具有相同的角度。法式曲线板在此是一个非常实用的工具（参见第14页）。当线条绘制完后，裁剪纸样并继续进行缝制。

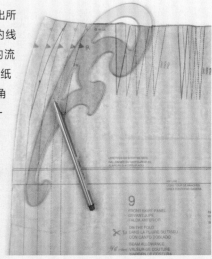

制作白坯布样衣

准确测量后，在裁剪昂贵的面料之前，可以先用白坯布试一下。白坯布是一种初始的粗加工织物——一种由廉价织物（如平纹棉布）制成的原始布料。这是测试纸样是否合适的最好方法。

然而，如果纸样非常的简单，可能不需要做这种额外的步骤。有时候，在缝纫过程中，只增加额外的缝份就足以调整服装的适体度。

准备

将白坯布沿着丝缕线的方向对折。将纸样沿着平行于丝缕线的方向放置在白坯布上，用铅笔将纸样轮廓描绘下来。标记前中和后中的位置，然后画胸围线、腰围线、臀围线和袖肘线。在裙子上标记臀围线，以及所有的丝缕线方向。在白坯布上做的标记非常重要，做好服装后，就可以看到线条是否平衡，是否与身体适体。

将白坯布缝合

在样片平整的状态下，从省道开始，将白坯布缝合。将省道朝侧缝的方向倒，并进行压烫。然后将上衣的前后肩缝和侧缝缝合，进行劈缝压烫。缝制两只袖子的腋下缝，并将袖子装到缝制好的袖窿上（参见第148~149页）。不要压烫袖山，否则会压扁松量。对于裙子而言，在缝合侧缝之前，要先缝省道。

有条不紊地工作

纸样裁剪时，最好以有条不紊的方式工作。创建纸样绘制过程的历史记录以及涉及的所有步骤。当发生明显错误时，更

容易回溯步骤，并确定错误发生的地方。很多的错误都是由于采用错误的缝制方法造成的。一步一步地操作有助于将错误和误差降到最低。不要轻易地去忽视一个问题。纸样或是白坯布上发生的问题通常也会出现在成品上。所以在纸样阶段，对问题进行分类处理将会节省宝贵的时间和金钱。

试穿白坯布样衣

第一次试穿白坯布样衣之前，在腰部周围系一些松紧带——有助于标记出自然的腰围线——并在内衣上用胶带标记胸部和臀部，以检查身体上的这些点与白坯布

有条不紊的工作技巧

一旦了解了基本的原则之后，有条不紊的工作会让你更具创造力。

- 在样片上标记所有的信息，包括名称、日期等。标记裙子的左前片（裁片1）、克夫（裁片4）、对折裁剪，等等。标记后中线、前中线、丝缕线、平衡线、剪口和缝份的尺寸。这会避免在缝制中出现混淆的情况。
- 纸样处理的每个阶段都要记得做好标记。
- 样片上要采用正确的书写方式，并且要写在正面的一侧——如果需要的话，在无法

翻转的样片上标记"正面向上"。

- 剪口在匹配样片、在纸样检查和缝合过程中是至关重要的——不要忘记将标记剪口，因为它将节省大量的时间（参见第45页）。
- 一次裁剪一块样片，必要时检查所有的样片，以确保它们相互匹配。
- 用假缝和划粉标记所有的省道和面料上的细节（参见第62页）。
- 在将白坯布缝合时，注意缝到缝边上。如果缝边不够准确，即使只有不到1英寸

（2.5厘米）的误差，白坯布的尺寸也将会大大改变。

- 在白坯布上作出的任何变动都要立马复制到纸样上，避免遗忘。不要忘记在裁剪纸样时添加缝份。

上的相关点是否对齐。

什么是服装的平衡？

　　完美的平衡是指服装的前中线、后中线、腰围线和臀围线与身体上的相应点对齐。正确地平衡样衣也很重要，因为其他的服装也将会基于此进行生产。正确地平衡服装有助于在使用该纸样生产后续服装时，无需再次更正样板。

铅锤线

　　为了找到正确的前中线，可在脖子上轻轻地系一根绳子，将另一端绳子松松地穿过它，并在末端系上稍重的物体来制作铅锤线。将铅锤线放在前中的颈部并让它自然下垂。用胶带在内衣或紧身衣上标记准确的前中线，重复该过程标记后中线。

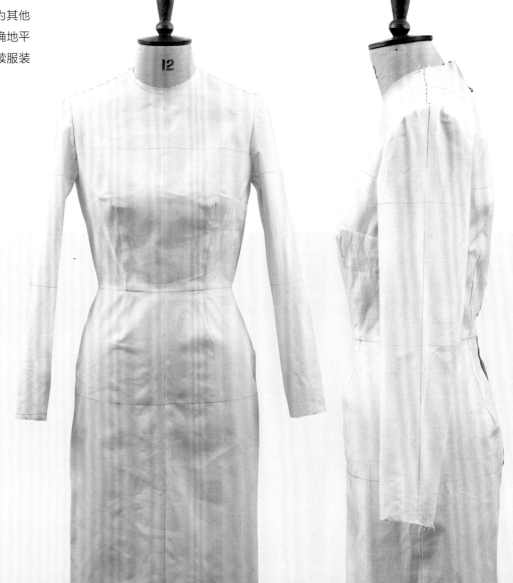

使用人台
　　如果已经购置了女装人台，则可以在符合自己体型尺寸的人台上进行样衣试穿。

评估样衣的合体度

　　试穿样衣时，在全身镜前检查整体服装。评估合体度并记下样衣上平衡线的位置。检查前中线、后中线、腰围线、胸围线和臀围线是否与身体相对应。注意保持身体笔直，朝前看。自己试着去看背部是很困难的，这个时候可以请一些人帮助自己。朝下看或者是弯腰会导致合体度的评估不准确。

　　注意感受服装穿在身体上的感觉是怎样的——上衣应该是刚刚合身，不紧不松。注意任何多余的松量或不够的量。袖窿一定不能太紧，应该可以自由地活动胳膊。记得看下侧缝，并检查它们是否正好位于侧面，而没有向前或向后发生偏移。

　　在这个阶段，花一定的时间去评估和适当调整样衣是值得的。合身的样衣将确保随后生产的服装也很合身。

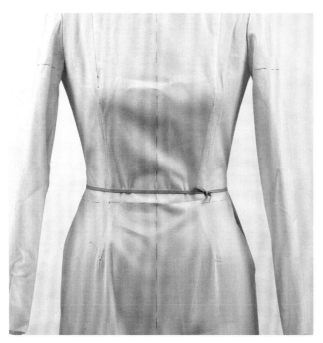

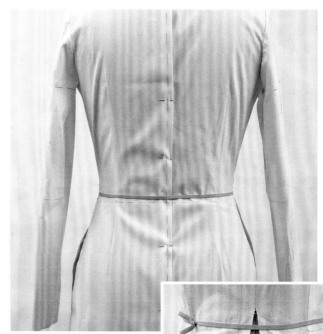

　　在自然腰线处系上一条绳子或弹性带，将系好的线与样衣上标记的腰线进行比较。如图所示，如果两条线不一样的话，需要对纸样上的腰线进行调整。

　　这里，需要进行两处修改。上衣太长且腰围太小。要纠正此问题，请测量弹性线和铅笔线之间的差值，这将是缩短上衣纸样的量。可通过打开侧缝来调节腰部紧度。测量所需的额外松量，并将其添加到纸样中。

袖子的合体度

当袖子在人台或人体上时，可进行袖子的合体度评估。沿着袖子向下延伸的中心布纹应该在裙子或裤子侧缝的前面一点。注意手臂上的袖子，手腕应位于袖底摆的中央，并检查袖子是否向前或向后扯住胳膊。如果存在拖拽，将袖子取下后，通过在袖窿周围向前或向后移动袖山来重新调整袖子。可能需要做非常微小的调整，不超过1/4英寸（6毫米）。

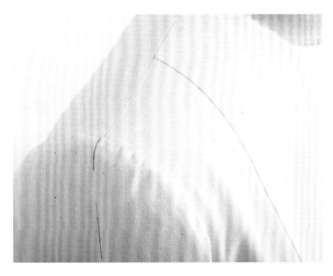

不正确的袖子对齐方式
这种对齐方式会使袖子向后偏移。

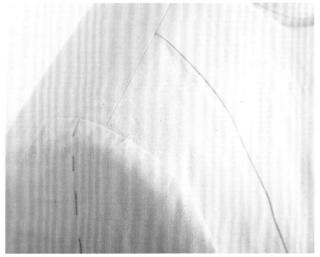

正确的袖子对齐方式
袖子中央布纹线应该于上衣肩线向后1厘米处开始。肱二头肌线应是水平的，并且中央布纹线应该在服装侧缝的前面稍微向下延伸。

帮助

我的样衣太大了。

在白坯布的接缝和省道位置，捏出明显多余的量，确保平衡线保持竖直。用铅笔标记出需要调整的位置，并将它们转移到纸样上。

我的样衣太小了。

打开受限区域，释放张力。测量释放的空隙，在需要的地方加量。

我的样衣需要较大的调整。

必要情况下，将需要一直调整样衣，甚至可能需要重新再做一件。要确保纸样也进行了相应的调整。在做自己的纸样时，样衣十分重要，在完全适体之前往往需要做好几件。

纸样排板

　　已经调整好纸样并准备制作后，接下来的工作是解决如何最好地排板并裁剪样片。幸运的是，纸样设计师已经做好了这些，所以需要做的就是按照你的纸样说明中包含的计划图进行工作。

需要哪些纸样？

　　通常每一种纸样都带有不同的选项或"视图"，可能包括不同的袖子或领口。纸样信息将会告知你需要哪块纸样去缝制特定的款式。通常，一个纸样清单会列出所有的衣片名称和编号。使用它来检查需要的衣片，并在搜集时进行勾选。

　　给自己做服装最美妙的事情之一，就是可以挑选材料以得到真正想要穿的服装。所以可能将不同款式的元素结合在同一个纸样上，制作一件真正想要的服装——比如，选择一个纸样上的领子，但却是另一个纸样上的袖子。重要的是要知道哪些纸样对应着哪个款式，以便作出选择。

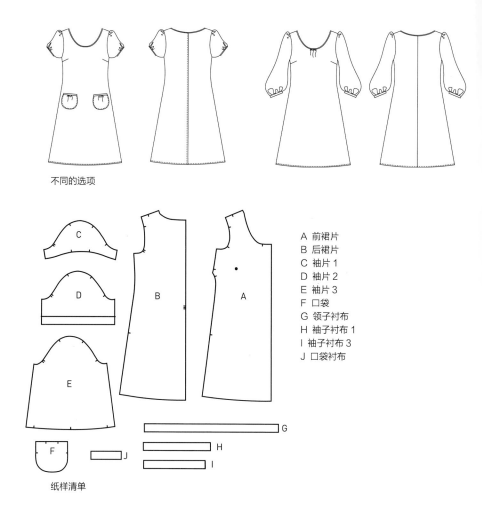

不同的选项

A　前裙片
B　后裙片
C　袖片1
D　袖片2
E　袖片3
F　口袋
G　领子衬布
H　袖子衬布1
I　袖子衬布3
J　口袋衬布

纸样清单

如何遵循排板计划

排板计划是对面料和纸样进行基本排板，使其最节省面料和最实际的操作方法。在裁剪面料之前有几点需要考虑，且在放置和排板纸样时，最好每检查两次再裁剪一次。

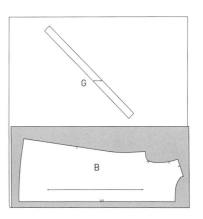

54 英寸（140 厘米）　　　　　布边

□ 面料正面
■ 面料反面

不同幅宽的面料

大多数的制衣面料要么是窄幅的45英寸（114厘米），要么是宽幅的，可能是54英寸（140厘米），也可能是60英寸（150厘米）。这就意味着需要不同的排板计划，有时宽幅的面料使用的面料更少。同样地，当服装的尺寸变大时，可能需要更多的面料，所以需要其他的排板计划。

45 英寸（114 厘米）　　　　　布边

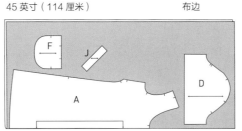

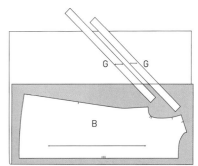

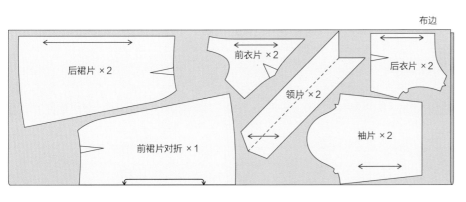

有没有绒毛

这里所指的"绒毛"面料，要么有单向图案，要么像天鹅绒或灯芯绒一样有一簇簇的绒毛，这意味着纸样应该全部朝相同的方向放置。有时这也可能意味着需要预留额外的面料，但是这样做是很有必要的，否则你会很容易发现在你完成的漂亮服装上有一块图案或绒毛是逆向的，逆向的绒毛会在衣片上形成阴影。

带有绒毛的面料

如果面料带有绒毛或者有单一方向的图案，所有的样片必须朝相同的方向放置；否则，当服装缝制完以后，一些衣片的外观可能不同。

平纹面料

对于没有起绒，没有绒毛或图案的面料，只要遵循丝缕线的方向即可，为了充分利用面料，可以将两个部分拼在一起使用。

如何折叠面料

在家里缝制时，面料通常是双层裁剪的。这节省了时间并且仅需要较少的纸样，因为大多数服装是对称的，一个纸样可以用来裁剪服装的左侧和右侧。通常面料会沿着长度方向对折，使两个布边重合在一起。

对于较大的样片，面料经常是沿着它的宽度方向进行折叠——例如在裁剪圆摆裙时。

有时，纸样的正反片要求同时在折叠的面料上进行裁剪。这意味着两个布边应该折叠，在中间相遇，从而形成两条折叠线。

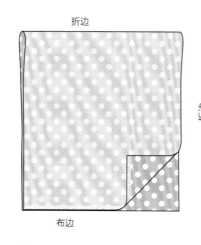

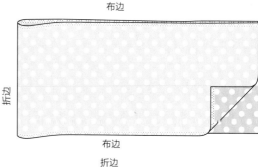

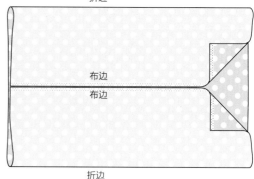

遵循丝缕线的方向

纸样上的丝缕线表明应该如何在面料上放置样片。丝缕线应该总是平行于布边。为了检查它们是否平行，应先将样片放在面料上。

从丝缕线的一端测到布边，再从丝缕线的另一端测到布边。当两个测量结果相等时，纸样即在垂直丝缕方向上。为确保服装的正确悬垂，穿着时不会出现经纬扭曲，遵循丝缕线的方向是非常重要的。

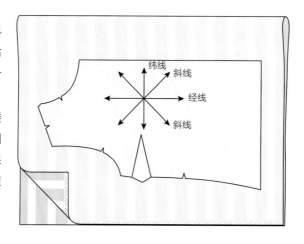

正面还是反面朝上？

这个问题经常会出现在我们的缝制工作当中：在裁剪面料时，应该是面料的正面朝上还是反面朝上。这两种各有各的好处。正面朝上时，可以看到图案，从而更好地放置纸样。但是反面朝上时，可以直接将纸样排板转移到面料反面。所以它取决于个人偏好。

斜裁

沿着面料的斜向丝缕方向进行裁剪时，面料应布置成单层，然后用完整的纸样来裁剪和标记面料。如果面料是折叠的，斜向的丝缕方向将在两半纸样上以不同的方向出现。

记住，裁剪后要将纸样翻转过来以确保得到一个镜像的样片，而不是两个单独的样片。

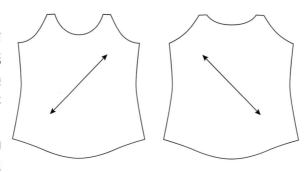

使用有图案的面料

在衣身下方或周围平整地缝制图案，可以将缝纫提升到一个新的、专业的水平。这要求在制作这件服装时需要小心并多加考虑，而且它并不难——只是需要多一点思考和准备。话虽如此，但图案与整件服装都匹配是不可能的，因为接缝是有角度的，而且样片可能是奇怪的形状。需要重点注意的线是穿过服装的垂直线和水平线。

循环单元

首要考虑的事情之一是循环单元的尺寸——即从图案的开始到重复其自身的距离。比如，在多色条纹中，可以从一种颜色条纹的顶部到该颜色再次出现的位置进行测量。而在花卉图案中，可以从图案的一个焦点到下一个焦点出现的位置进行测量。通常是沿着布边进行测量，因为在循环单元之间，更容易看到直线。

如果图案是一个大的花型设计的话，循环的尺寸可能会不同，从 1~1½英寸（3~4厘米）到12或16英寸（30或40厘米）都有可能。

图案是否均匀？

同样也需要检查图案是否均匀。条纹或格子面料可以具有均匀对称的条纹或格子，但也可以具有不对称的设计。

可以做直角检查来测试：

先将织物横向对叠，再将两个顶角向内折叠，使其边缘形成一个直角。观察图案，如果图案均匀循环，那么沿着折叠边，图案应该上下相匹配，如果不均匀循环，则上下层图案不同、线条不齐。

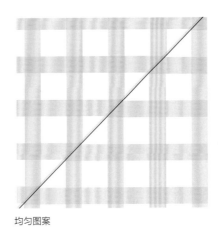
均匀图案

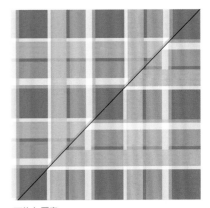
不均匀图案

图案放置

　　首先在接缝处开始进行图案匹配要容易得多。人们的焦点通常会在脸部周围，所以前中接缝处最为显眼。还要考虑图案的焦点在哪里。如果图案具有非常明确的焦点，则最好在胸部区域周围偏移该图案，使得焦点避开胸高点。突出的条纹在前中的直线上看起来更好。

　　你可能还会思考上衣和袖子的图案有连接该怎么办。如果图案中有一个大型的水平元素，那么将其横跨于胸部和袖子将会给人一种专业感。只需将袖子的腋下点与衣身上的袖隆底点对齐，图案就会横穿两者。

　　下一个要考虑图案的显眼地方是后中部位。但请记住：所有衣片都是在缝纫线上，而不是在裁剪线上匹配图案，因此如果有图案的话，请考虑后中的缝份。

　　侧缝则不需要考虑这么多，因为它们不那么显眼。但在衣身上胸省下方所应用的图案会相对引人瞩目。

　　上衣身到下衣身也可匹配图案。如果条纹或格子穿过腰线向下走，看起来要美得多。

❶ 裙子中间保持竖直条纹。
❷ 大型几何印花经过精心定位，与身体比例和位置相适应。
❸ 在这里格子没对齐，以创造一个更随意、叛逆的外观。
❹ 图案整齐地排列在后中。
❺ 在服装的不同部位，条纹的方向也发生变化，创造不同的效果。
❻ 上衣和裤子的图案都以前中线为中心对称。

如何匹配图案

如果你确定需要匹配图案和格纹，下面提供了一些匹配的方法。确定图案面料的类型有助于确定哪一种图案最适合正在进行的缝制工作。最好先确定图案匹配的位置，然后标记出这些样片。可能还需要考虑购买一些额外的面料，以便更加精确地匹配一些棘手的图案。

双层裁剪

如果有一个漂亮、均匀的图案（参见第57页），可以通过图案匹配将两层面料排列在一起。必须反复回看第一层，以确保图案与底层匹配。然后可以使用图案凹槽来标记样片相对于织物上图案的位置。

先裁剪一片

如果有一块不均匀的图案面料，则在单层面料上裁剪样片更加容易。这样可以确保图案在整个面料上的位置正确。先裁剪一片，然后将纸样移除。将裁剪好的样片放在与纸样相匹配的平坦面料上。这个

可以用来作为裁剪第二块样片的模板。但请记住翻转第一个裁片以便得到一对对称样片。

将面料图案画到纸样上

如果想确保面料上的图案穿过衣身和袖子，以获得真正专业的完成效果，这种方法是理想的选择。在面料上放置第一个样片，然后描线以显示织物图案的位置。你可以利用一些标记以确保图案经过袖山或衣身周围。

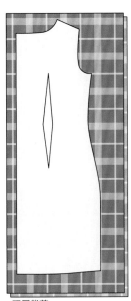

双层裁剪

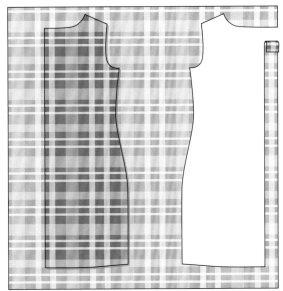

先裁剪一片

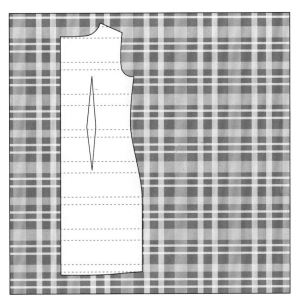

将面料图案画到纸样上

标记和裁剪面料

　　有两种基本的方法可以标记出想要裁剪的样片。两种方法我都用，主要取决于面料的类型和事情的紧急程度。由于要裁剪的大样片需要占据面料的特定位置，所以最好先把它们平铺在折叠好了的面料上。然后再把剩下的样片放在周围。

大头针

　　在工作时，我们发现人们要么使用很多大头针，要么用的不够。主要的规则是先将大头针固定在转角位置，然后固定曲线部分，最后是直线边缘。无弹或微弹面料不需要用很多的大头针。记住大头针的作用是让纸样在面料上保持平整。过多的大头针会扣住并抬起纸样和面料，不利于精确裁剪。

　　我使用大头针的另一个主要法则是每两针之间留一个手掌的宽度。这使得大头针保持均匀间隔，并且不会使纸样过度扭曲。

重物和划粉

　　第二种方法是用重物将样片平压在面料上，并用划粉或面料标记工具画出样片轮廓。这比使用大头针更加快捷，但是在裁剪出划粉画的形状时非常重要，要格外小心。如果有部分的划粉痕迹残留，就意味着纸样的裁剪不精确，这会导致服装的合体度发生变化。

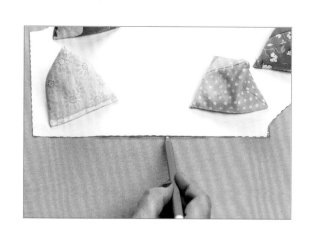

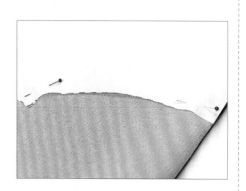

剪刀还是旋转剪刀？

　　工作时我们会使用很多的绗缝机，其中大部分都装有旋转切割轮。这是一种裁剪样片的快捷方法，但是要小心谨慎：必须在裁剪位置的下面放一个垫子，一边裁剪面料一边移动它。用旋转刀具裁剪狭窄的转角也很麻烦，用直边的钢尺会省事的多。

　　就个人而言，我更喜欢使用优良的裁缝剪刀。尽可能使用剪刀刀刃的整个长度进行裁剪。如果是右撇子，顺时针裁剪样片，如果是左撇子，则可使用左手剪刀，逆时针裁剪样片。这确保了刀刃尾部恰好位于样片下方，而刀刃尖端可精确裁剪样片边缘。

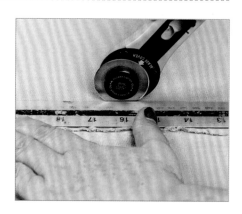

如果没有合适的裁剪台，也可以使用餐桌，但一定要站起来并时不时地伸展身体，以便在弯腰裁剪面料时保护背部。

给面料做标记

裁剪完面料以后，需要将纸样上如何缝制服装的信息转移到面料上。市场上有很多的工具可以帮助你做到这一点，有时传统的方法也是有用的。

平衡标记和剪口

经常需要在纸样的裁剪线上标记一些小的三角形或者 T 形。可以用划粉或者小剪口来标记（如果是双层裁剪的话，则两层都要标记）。为此，请始终只使用剪刀的尖端，避免剪口太大，在缝边处留下一个洞。

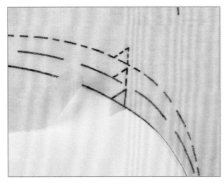

在剪口周围裁剪　在剪口"外"而不是"内"裁剪，以避免减少缝份。

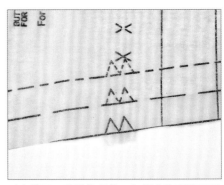

对齐剪口　确保将双剪口与相应的双剪口对齐，单剪口也是如此。

传统假缝标记

这可能比较花时间，但它们可能是在易损面料上标记的最佳方法。

❶穿线，末端不要打结。在需要标记的点缝一小段线迹，留下线头。

❷缝另一段线迹，不要将其拉紧；剪断线迹之前要留下一个线圈和另一个线头。

❸要拉开面料层时，剪断它们之间的线。

❹这会在面料的正反面留下很小的线头。

❶

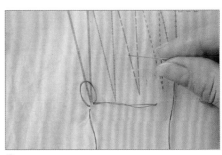

❷

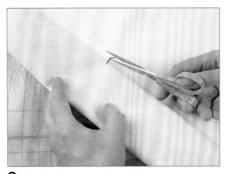

❸

❹

划粉和划粉笔

为了保持三角形形状的传统划粉边缘顺滑锋利，使用旧剪刀将划粉削锋利（而不是用漂亮的裁缝剪）是比较快捷的办法。打开剪刀，用刀刃削划粉的边缘。确保划粉粉末掉进垃圾桶里。

还有许多划粉做成了笔的形式，使用起来更加方便。

记号笔

记号笔可以是水溶笔，也可以是气消笔。它们用在平纹面料或浅色面料上的效果很好，但用在深色或图案很多的面料上时，可能不是很清晰。由于水墨干得很快，使用后请务必将盖子盖好。

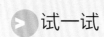

试一试

在纸样上标记符号或点的地方钻一个小孔，将划粉擦在孔上。划粉就会透过纸上的小孔，在面料上留下非常精确的记号。

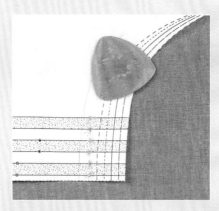

双针固定

这算是一项秘技，其工作方式与传统假缝类似。

❶ 将大头针放在要标记的点处，轻轻扭动使其穿过纸样。
❷ 翻转面料。在大头针穿过的点，再用一根大头针穿回原来一面。
❸ 当两层面料分开时，每一层都会有一根大头针插在上面。确保针不会掉！
❹ 重新定位大头针，使它们牢固地固定在织物上，以指示所需标记的位置。

❶

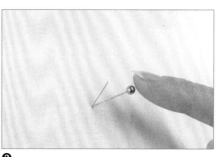
❷

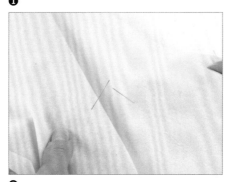
❸

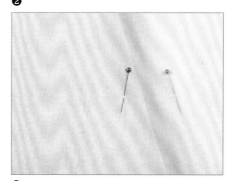
❹

调整纸样

　　商业纸样是基于标准测量的结果，但很少有人的尺寸完全符合这些测量数据，所以通常需要进行小的调整以提高服装的合体度。

　　为了得到完美的服装，需要对纸样进行调整，然后用白坯布进行样衣缝制（参见第50~53页），以检查合体度。裁剪和缝制服装之前，将做的所有调整都记录到纸样上。

长度

　　改变样片的长度相对来说要容易点。只需对制作服装的人体进行相关测量（例如，腰部到底摆，或第七颈椎点到腰部），将其与实际的纸样尺寸进行比较，然后调整纸样，如右图所示。

调整裤腿长度

　　测量从腰部到底摆的侧缝长度，并相应地改变裤子纸样。折叠多余的长度以缩短裤长，或者在增加纸样以加长裤长之前，裁剪并移开纸样。

　　横穿纸样的平行线是加长或缩短服装最好的位置。如果要加长纸样，只需要沿着水平线剪开，然后根据要求的距离移开样片，将一张纸粘到它们的后面以盖住空隙。如果要缩短纸样，折叠多余的长度即可。通常在纸样的侧缝处需要进行调整的点处，重新画一条顺滑的线以完成调整。请注意，有时最好在两个或以上的位置进行较小的长度调整，而不是在同一个位置上做较大的调整。

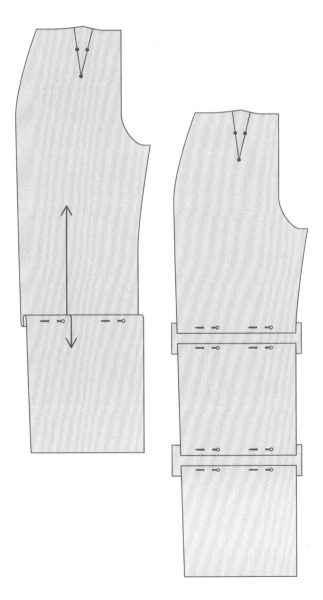

腰围

调整腰围最直观的办法就是改变省道的尺寸。腰部的面料可以进行或多或少的调整，如果有必要的话，省道可以加长或缩短以改善形状。

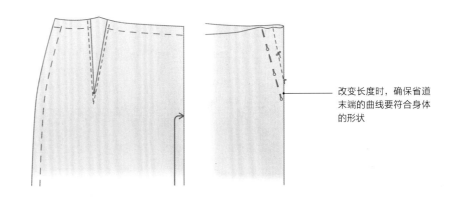

改变长度时，确保省道末端的曲线要符合身体的形状

加大腹部的量

为了在腹部留出更多的量，需要调整纸样，在水平方向上对纸样进行裁剪，通常在腹部最宽的地方和通过省道的竖直部分。在侧缝处进行旋转——保持侧缝的长度并加大省道。用圆滑的线重新画侧缝线和省道。

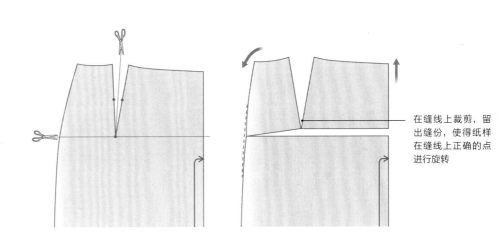

在缝线上裁剪，留出缝份，使得纸样在缝线上正确的点进行旋转

减小腹部的量

如果在腹部存在多余的量，也可以按上述的方法，通过裁剪纸样将其消除掉。在这种情况下，对纸样进行折叠以消除多余的量，并减小省道的尺寸。用圆滑的线重新画顺侧缝线和省道。

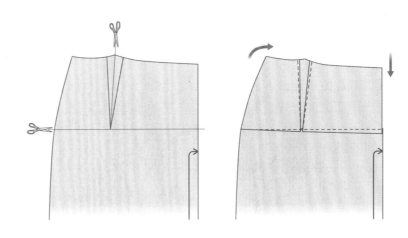

加大臀围量

通过对纸样进行裁剪，可以增加裙子或礼服的臀围量。在臀部的最丰满处进行水平裁剪，同时，通过省道的竖直方向进行裁剪。在侧缝处进行旋转，以加大省量并给臀部留出更多松量。用圆滑的线重新画顺侧缝和省道。

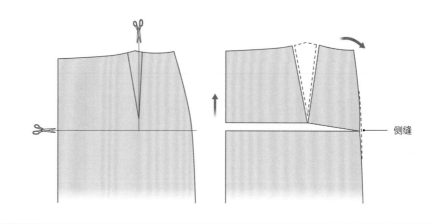

侧缝

减小臀围量

为了减少臀部多余的量，在纸样上出现问题的地方进行水平方向的裁剪，并通过省道进行竖直方向的裁剪。折叠纸样，并用圆滑的线重新画顺侧缝和省道。

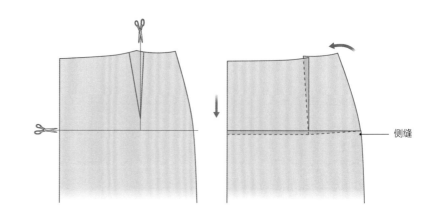

侧缝

背部调整

通过裁剪后袖窿区域以适应宽阔或狭窄的背部。在肩部和袖窿处做水平和竖直方向的裁剪。

- 为了适合肩背部宽阔的身材，需要在背部加入更多的松量，将剪掉的纸样片移出，并重新塑造肩部和袖窿的形状。
- 为了适合宽背窄肩的身材，可将纸样在肩缝的地方进行旋转，重新塑造肩部和袖窿的形状。
- 为了适合宽肩窄背的身材，可将纸样在袖窿的地方进行旋转，重新塑造肩部和袖窿的形状。
- 为了适合肩背狭窄的身材，可将剪开的样片移入纸样里面。

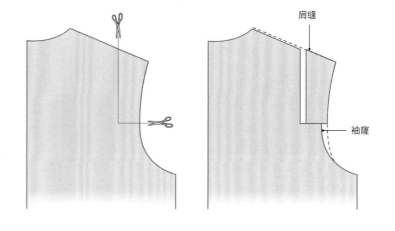

肩缝

袖窿

加大胸围量

首先，选择带有腰围线、袖窿省道或公主分割线的纸样，这样才能做调整。

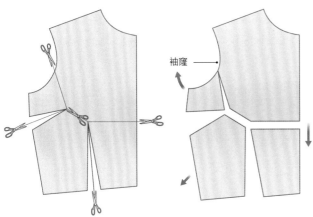

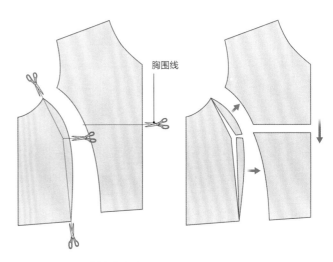

带有省道的衣身

通过省道、前中线和袖窿弧线裁剪纸样。将样片拉开，为胸部创造更多的空间，然后在袖窿处进行旋转。重新塑造省道的形状。

带有公主分割线的衣身

通过胸围线进行水平方向的裁剪并加长，给胸部增加更多的空间。裁剪和移动侧片，如图所示，增加更多的松量并保留侧缝的形状。

减小胸围量

选择最接近个体尺寸的纸样，使改动最小化。

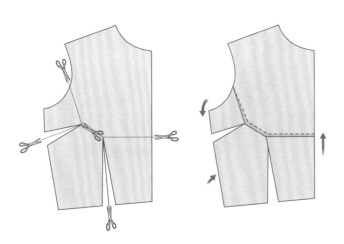

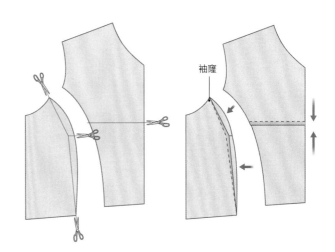

带有省道的衣身

在省道处裁剪并重叠样片，注意不要改变接缝长度。重新塑造省道的形状。

带有公主分割线的衣身

通过胸围线进行水平方向的裁剪并重叠样片。则可在长度方向上减少多余的量。在袖窿处进行旋转，避免改变袖窿弧线的长度。

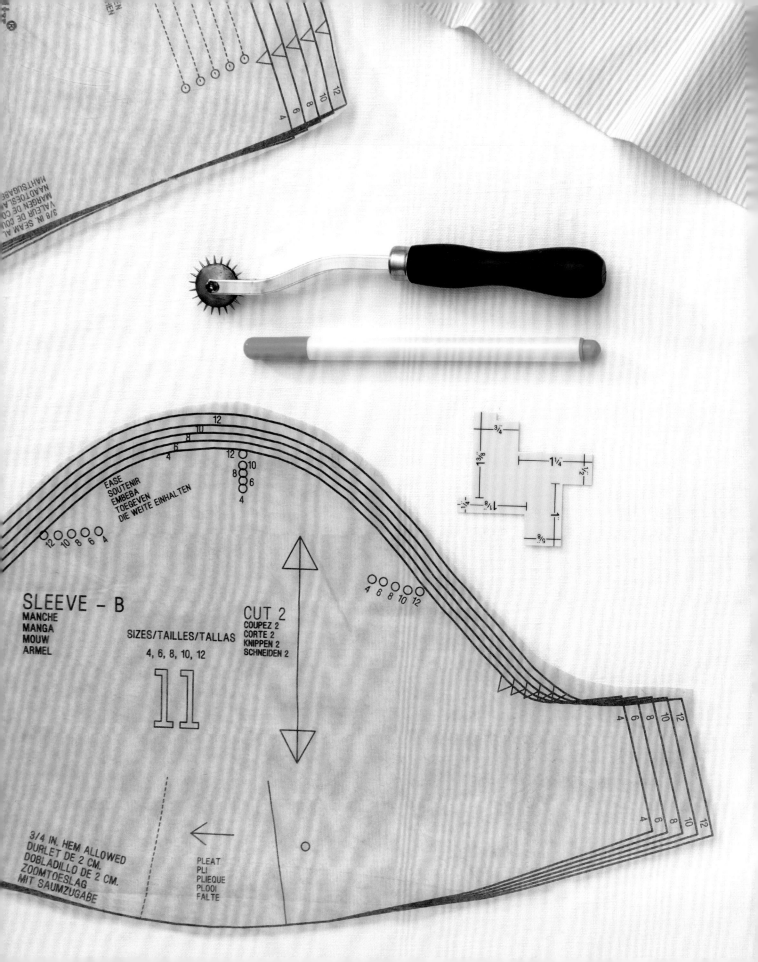

第三章
细节与部件制作

准备并整合好所需裁片后，就可将它们全部缝合在一起了。记住缝制服装所需要的一系列工艺方法。如果是自制纸样，那么制作工艺流程也是很有意义的事。这将有助于随时掌握加工步骤，高效地完成服装制作。

压烫工具

　　压烫一开始看来可能只是服装制作工艺中的一个次要话题，但我认为它是最重要的工序之一。压烫是一种在缝制和成品整理过程中进行的工艺，甚至可以说，它是一门艺术，将会帮助你完成最高水平的服装。

　　密切注意服装的每一个缝份、口袋、门襟或衣领在各个阶段的压烫，它可使线迹隐藏在面料里面，能够助你更完美地缝合多块衣片。

　　请不要混淆压烫和熨烫的概念：它们是完全不同的。压烫需要将熨斗作为一种精准的工具，对服装的特定区域进行平整、塑形或者压褶处理，需要把熨斗抬起、下压，而不是只拿着熨斗在面料上前后移动。

　　压烫也需要小心操作。下手过重可能会导致压力过大，使织物的内部纤维变得紧实，失去自然弹力。它还可能使面料布边变形，因此需要非常小心地处理面料和服装。

　　当制作服装时，为了使下一步缝制地更精准，需要在特定的区域进行压烫。例如，相比未压烫的缝边，缝合一个已经被压烫过的缝边要容易得多。在压烫之前，要确保所有的假缝线或大头针都已经被拿掉，因为它们可能会缩进面料或划破熨斗底板。

　　另外，如果使用蒸汽熨烫，一定要让面料冷却到位，以便织物定形。

在压烫时，熨斗的不同部位会有不同的作用

❶ 熨斗的尖角是最有用的部分，它可以在服装的特定区域进行有针对性的压烫。它对熨烫曲线缝边和省道特别有帮助，如果用熨斗的整个底板熨烫这两个地方，则会使服装变平，失去立体效果。

❷ 熨斗底板的侧边可以轻轻地劈开面料的缝边，从面料的右侧烫压闭合的接缝。

❸ 熨斗的底板可用于依靠自身重量将服装的衣身、底边和平缝处压平。

❹ 熨斗底板的喷出的蒸汽可以悬停在毛织物或针织物上，使纱线变松软柔和。

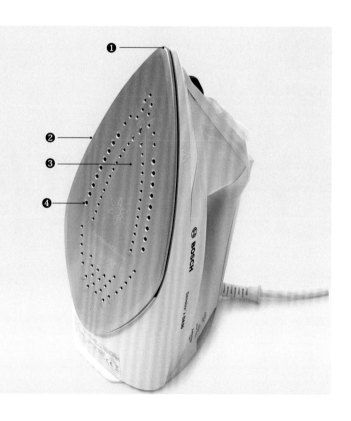

当熨烫服装时，以下这些工具会有所帮助。

熨斗

确保熨斗的质量，它的分量应该较重，且具有蒸汽开关等功能。可以买一个蒸汽喷雾型电熨斗，配一个较大的储水器，可以在任何需要的时候转化成蒸汽。蒸汽熨斗远比传统熨斗作用大，且不需要频繁地往储水器中加水。

熨衣板

试着用一个可以达到腰部高度的熨衣板。我们需要充分填充覆盖住熨衣板上的垫衬，如果填充物不足或者变旧了，可以用类似于将棉絮添进被子的方法，来往垫衬里加入更多的填充物或者制作另一个新的垫衬覆盖在熨衣板上。

熨烫垫

它很重要，可以避免熨斗的热源直接接触到服装，能够起到一些保护作用，同时也能防止烫出极光或烧焦服装。潮湿的熨烫垫布也能传递水分，帮助烫出完美的平缝。熨烫垫布不需要任何特殊的材料（一块亚麻布或白棉布即可），但需要先进行清洗。熨烫细薄织物时，可以使用欧根纱材料的方巾。它不仅能看见下面的面料，而且还能充分保护它所覆盖的细薄织物。

布馒头

这是一个巨大的，像鸡蛋或火腿形状的长枕，它具有不同的曲面，能够确保在熨烫过程中不会将三维立体形式的服装压成平面。传统的布馒头一面是用白坯布制作，另一面是用毛织物制作。通常它的内部会装满细木屑，这些细木屑能够在熨烫中吸收蒸汽。

袖烫垫

它与布馒头有相似之处，但它能帮助熨更小以及更困难的部位，比如袖子。熨这些部位都十分方便。

熨袖板

这看起来像一个微型熨衣板。它使熨烫那些比较小且棘手的部位变得更加容易。高质量的熨袖板在远端有支架，这能够方便熨烫整个袖子。

拱形烫木

这是一个比较传统的制衣工具，它将熨烫褶皱变得更加容易。它是一块扁平的木头，通过不同处理，可以塑造成不同的形状。当熨烫像牛仔布这种比较厚重的面料时，用蒸汽处理放置在烫木上的牛仔布，然后将熨斗牢牢按下。拱形烫木会推动蒸汽渗透到面料中，帮助定型。它十分有利于熨平牛仔裤上的褶皱。

手指和手掌

触摸是评估所需压力的最重要的方法之一。用手指在精美的面料上分开缝份，喷蒸汽然后按压缝份后再用手掌把接缝压平，但要注意不要烫伤自己。

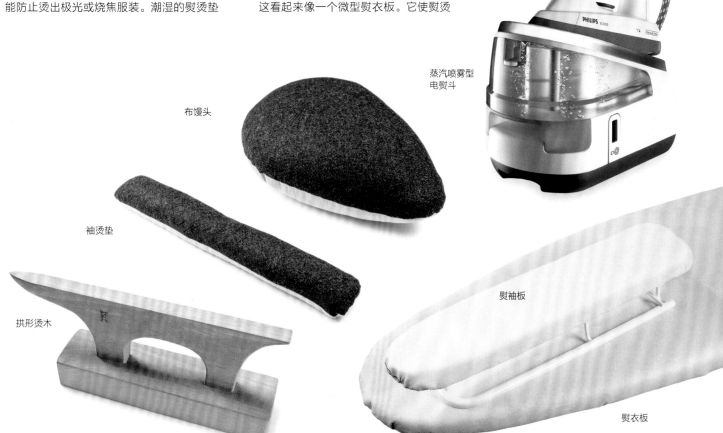

布馒头

蒸汽喷雾型电熨斗

袖烫垫

拱形烫木

熨袖板

熨衣板

造型

　　这就是缝纫开始的地方。把一件扁平二维面料做成一件三维立体成衣，以覆盖身体的曲线、角度和轮廓，这就意味着要将面料制作成我们想要的服装造型。这包括利用面料的多余量来创造出想要的造型——一个被称为消除浮余的过程。浮余量的消除有一系列的工艺处理方法：省道、抽褶、褶裥、塔克以及多层抽褶。这些都十分有用。

省道

　　省道是可以改变平面面料的一种非常结构化的方式。省道是面料的一个楔形部分，通过折叠和缝合的方法，起到消除面料浮余量和创造三维立体造型的作用。

　　省道也可以通过在结构纸样上转移省道的方式，来制造更加贴合人体的服装。

　　想一想把纸折成圆锥的方法。"圆锥"的顶点通常是曲线的端点，是面料需要塑造曲面的地方。在服装上，这可能是胸点，臀部，甚至是肩胛骨。

　　虽然省道的中心支点可能是曲线的端点，但省尖点总是远离这个顶点的，以便在该处有一个更平缓的曲面来创造一个更柔软、圆滑的形状。

　　为了表现不同效果，可以围绕省道的中心支点进行省道转移。

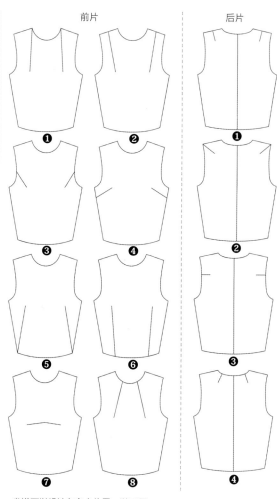

前片　　　　　　后片

省道可以设计在多个位置，以不同的方式对服装造型，创造完美的贴体效果。

前片省道位置

❶ **颈省**　从这里开始的省道可以很合适地延伸到胸部，它能很好地贴合该区域略弯的曲线。

❷ **肩中省**　这里的省道与腰省相连可以变成公主线，实现一条平滑的省道线。

❸ **袖窿省**　这里是经常会捏省道的位置；它也可以与腰省相连，变成一个弯曲的公主缝，创造出一条平滑的省道线。

❹ **侧缝省**　此处的省道十分罕见，需要谨慎处理。

❺ **法式省**　这些省道从腰部开始，形成一个锐角，一直延伸到胸部。在复古风格的服装上应用法式省效果会很好。

❻ **腰省**　这些省道应用在十分合体的服装上，再搭配裙子上的省道，看起来更整洁且更有结构感。

❼ **前中省**　可以将这个位置的省道变化为抽褶，能为前身增加有趣的细节。

❽ **领口省**　可以将这个位置的省道变化为褶裥，能为领口增加细节。

后片省道位置

❶ **后肩省**　这里的省道可以很好地贴合略微突出的后背。

❷ **肩点省**　在这里设计省道可以更好地贴合突出的肩胛骨。

❸ **后袖窿省**　这里的省道更适合制造无袖紧身胸衣。

❹ **后领口省**　如果后领口有轻微的开口，省道设计在后中位置更合适。

基本省道

这是为服装造型最简单的方式。基本省道从纸样的边缘向身体更丰满的部位延伸，比如胸部、肩胛骨、腹部或臀部。省道由两条边组成，会在一个点相交。

缝制厚重面料上的省道可以修剪面料以减少省道的体积。也可以沿着折痕剪开省道并熨烫分缝。在这两种情况下，都不能把省道修剪到省尖点，因为这会破坏省尖点。

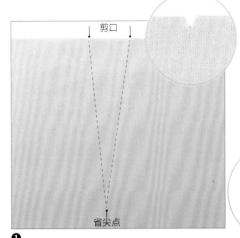

剪口

省尖点

❶

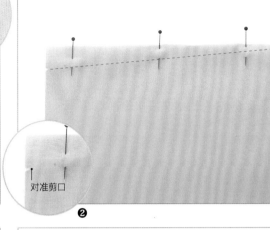

对准剪口

❷

> ▶ **试一试**

要得到一条漂亮的、平直的省道线，可以把缝纫机上的线拉长。缝纫时，把这根超长的线拉至省尖点。使用这条长线作为缝纫引导，这样可以让缉线顺直。如果一直捏着这条长线的话，在省道缝纫结束后要用大头针小心地把它们拉出来。

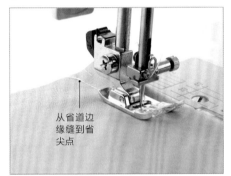

从省道边缘缝到省尖点

❸

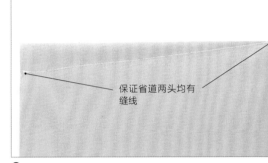

保证省道两头均有缝线

❹

完成的基本省道：反面

完成的基本省道：正面

❶ 在面料反面划出省道。

❷ 将面料的正面对折，对准剪口。从省道一边的标记点插入大头针，再从另一边相对应的点穿出，以确保省道两边对齐。沿省道线重复这个操作，然后沿缝纫线用大头针固定。

❸ 从省道边缘的剪口缝到省尖点。

❹ 确保缝线在开始和结束位置均有倒回针或打结。

提示： 为了得到一条平滑的省道，可以沿着省道的折痕缝到距离省尖点3/8英寸（1厘米）的地方，然后弯曲缝纫线迹到省尖点。想象你正在爬坡也许会有所帮助。这将使省道的尖端变得平滑，以防出现凹痕。

鱼尾省

又称菱形省或曲线省，它们能在一件服装的主体上勾勒出更好的曲线轮廓。省道上的省尖点和宽度都标在纸样上。就像所有的省道一样，缝纫应该从最宽的部分开始——所以这些省道需要分两次缝纫。

大头针记号

❶

❶ 用大头针在面料的反面标记省道（见第62页）。

❷ 从省道最宽的地方开始，在省道线的中心缝一条小的、平直的缝线，然后向省尖点缝纫。

❸ 当缝到省尖点时，把缝纫线剪掉。保证线迹同基本省道一致（见第73页）。

❹ 倒回针加固第一行缝线。再缝到省道的另一个端点。

应该有一条从省尖点开始，向下延伸到省道最宽处，再回到另一边的省尖点位置的缝线。最终应该得到一条与身体曲线相贴合的平滑的缝纫线。

❷

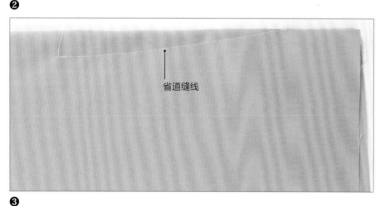

省道缝线

❸

❹

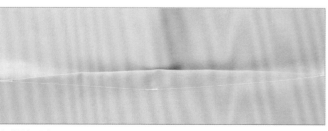

完成的鱼尾省：反面

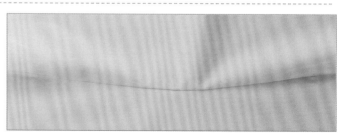

完成的鱼尾省：正面

❶

使用熨斗的
尖头

❷

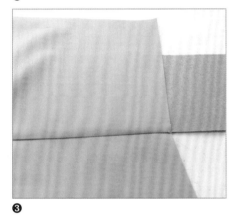

❸

❹

帮助

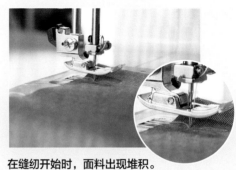

在缝纫开始时，面料出现堆积。

　　从距离布边3/8英寸（1厘米）处开始
缝纫，进行倒回针后再继续向前缝纫。

在省尖点处倒回针时，面料也出现堆积。

　　为了避免缝纫时出现上述情况，缝到
省道的端点时，可以把针扎入面料中，抬
起压脚，转动缝纫线，然后缝到距离省尖
点大约3/8英寸（1厘米）的地方。

压烫省道

❶ 当省道缝好之后对其进行压烫，这会使
线迹更好地隐入面料中。

❷ 为了避免面料正面出现褶皱，基本会从
织物正面进行压烫，使用熨斗的尖头轻轻
推动和拨开面料，远离缝份。

❸ 在省道下面放一张薄卡纸可以防止省道
线被压烫到右边。

❹ 布馒头对造型会有所帮助，使用熨烫垫
布可以避免面料出现极光。更多相关信息
请见压烫工具（见第71页）。

抽褶

抽褶是处理面料浮余量的一种十分简单的方式。它包括将手缝或机缝的缝线拉起来，在面料上做出一系列的小褶裥和缝褶。它可以用各种各样的方法来增添服装的趣味和细节。

手工抽褶

用一根比想进行抽褶的面料稍长的线穿过手缝针，确保在线的末端打一个大结。

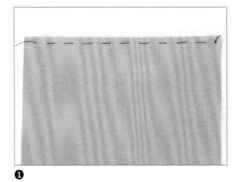

❶

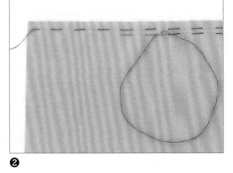

❷

❸

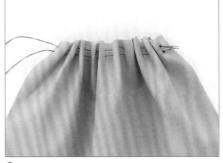

❹

❶ 距离缝边 1/4 英寸（6 毫米）缝一排均匀连续的线迹。保持缝线未完成的状态，将针从线上取下来。

❷ 距离第一排线迹 1/4 英寸（6 毫米）缝上第二排连续线迹，确保缝线和第一排一样，然后把针从线上取下来。

❸ 轻轻地拉起两根线，慢慢把面料推向一边，做出抽褶。

❹ 当抽到想要的长度后，对剩下的线打结系紧（见下图）。

> ## 试一试

怎样打一个大结？

线穿过针，然后翘起线的尾巴，夹在针尖和中指之间。

仍然握着线尾，绕针四到五圈。

食指抓住缠绕的结，把它从针上滑下来到线上。

把缠绕的结拉下来，把线的其余部分拉到末端，在那里它会自己打好一个大结。

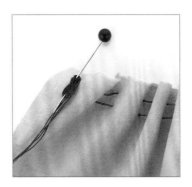

将抽褶线打结系紧

最快的方法是在抽褶线迹的末端垂直放置一根针。当这些线被拉起时，将它们以 8 字形缠绕在大头针上固定。若想在打结系紧前调整抽褶，只需拔出针并移动抽褶。

机器抽褶

它跟手工抽褶的原理是一样的，但它能抽出更小、更均匀的褶。

❶ 把线迹长度调到最长。

❷ 距离缝边1/4英寸（6毫米）缝第一排线迹，保证线头和线尾均未打结。用相同的方式距离第一排线迹1/4英寸（6毫米）缝第二排线迹。

❸ 从抽褶的两端挑出底线（底线不容易断）。把底线拉到顶部，抽褶会更容易。

❹ 轻轻地拉起两根底线，在面料上抽褶。抽褶到所需长度时，像之前一样将线头打结。

❶

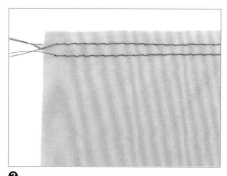

❷

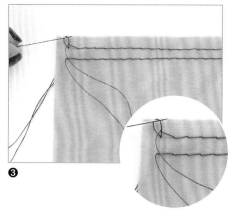

❸

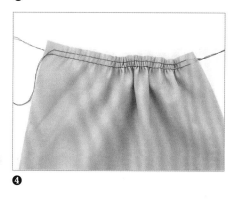

❹

两排缝线 vs 三排缝线

想要得到更均匀分散的细褶，特别是棉织物等细布或亚麻这样的薄织物或中厚织物，多缝一排线迹会好很多。

两排缝线

当把一块面料缝制到一块平整的面料上时，通常两排抽褶线就足够了，这些抽褶可以隔得更远，会显得更有"弹性"。

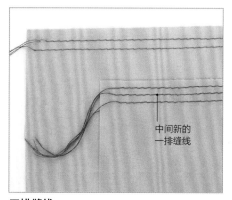

中间新的一排缝线

三排缝线

❶ 在缝份下面缝上三排缝线可以更好地控制抽褶。在第二排和第三排抽褶线迹之间缝上缝线。

❷ 小心地移除第三排抽褶线迹。这可能不适用于雪纺或丝绸电力纺这些容易产生痕迹的面料，因为去除缝线会在织物上留下针孔。所以，用这些面料，最好尽量把所有线迹都放在缝份里。

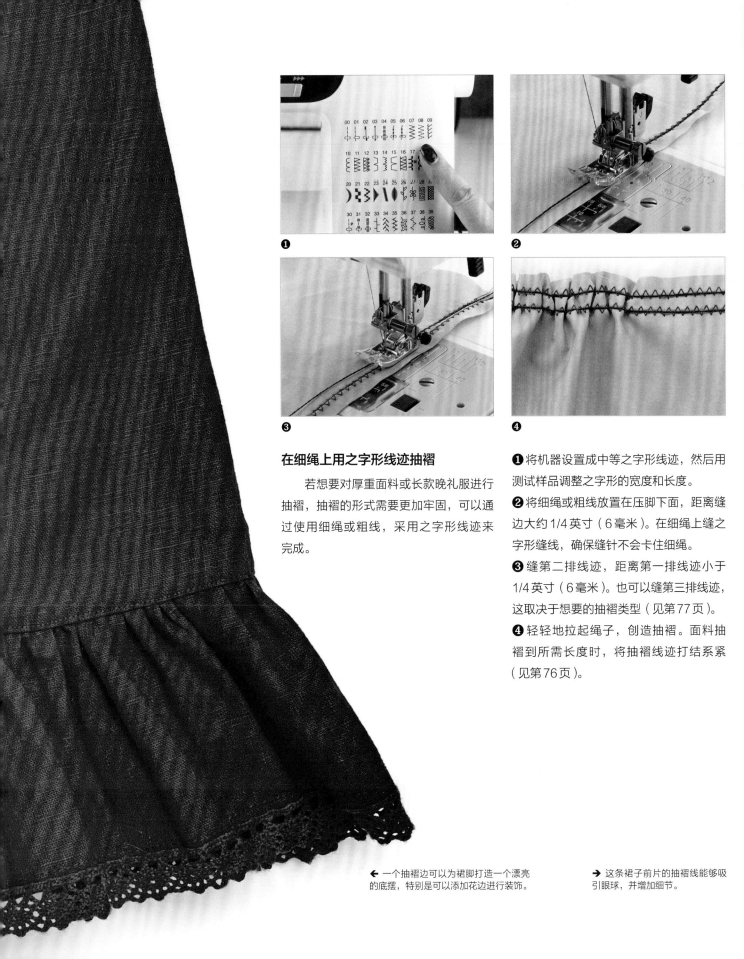

在细绳上用之字形线迹抽褶

　　若想要对厚重面料或长款晚礼服进行抽褶，抽褶的形式需要更加牢固，可以通过使用细绳或粗线，采用之字形线迹来完成。

❶ 将机器设置成中等之字形线迹，然后用测试样品调整之字形的宽度和长度。

❷ 将细绳或粗线放置在压脚下面，距离缝边大约 1/4 英寸（6 毫米）。在细绳上缝之字形缝线，确保缝针不会卡住细绳。

❸ 缝第二排线迹，距离第一排线迹小于 1/4 英寸（6 毫米）。也可以缝第三排线迹，这取决于想要的抽褶类型（见第 77 页）。

❹ 轻轻地拉起绳子，创造抽褶。面料抽褶到所需长度时，将抽褶线迹打结系紧（见第 76 页）。

← 一个抽褶边可以为裙脚打造一个漂亮的底摆，特别是可以添加花边进行装饰。

→ 这条裙子前片的抽褶线能够吸引眼球，并增加细节。

褶裥和塔克

　　褶裥和塔克就像缝纫世界的折纸艺术。它们分别指折叠和折痕，是一种更可控的处理浮余量的方法。它们为服装提供了一种更平整以及更有剪裁感的外观，同时也是为服装增添装饰的一种极好的方式。

　　近期关于褶裥和塔克之间的实际区别仍有争论，因为这两个术语几乎是可以互换的。严格来说，褶裥是将织物折叠来创造形状和处理浮余量。

　　另一方面，塔克是将织物折叠的部分缝制牢固并折平到服装上适当的部分。它可以垂直和水平地装饰服装。

　　打开的褶裥可以进行造型，但仍然会有柔和的轮廓，而压烫清晰的褶裥和塔克会给服装带来一种结构感和精准感。

　　褶裥和塔克的大小和数量也取决于使用的面料的类型。例如，较厚重的羊毛织物，需要更宽的或更少的褶裥或塔克，以避免在织物的折叠中增加更多的褶皱，而浅色的棉纱则需要许多小而紧凑的褶裥或塔克。

　　在它们最简单的形式中，褶裥和塔克都是捏着面料朝另一边折叠。然而，要想真正有效，必须精确地标记它们，以便能够准确缝制。

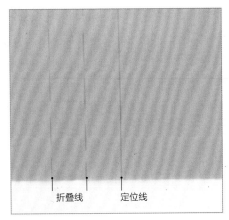

折叠线　定位线

折叠线和定位线

标记褶裥

所有的褶裥都有两种类型的线来帮助它们准确定位。

折叠线　在这里将织物折叠，创造褶裥；通常用虚线绘制。

定位线　这是褶裥折叠边缘定位的地方；它常以实线标示。

这些线条也可以用布边的小剪口标记。

在面料正面还是反面做打褶标记取决于使用的面料类型。用钢笔或划粉可能不适合在非常精致的织物正面画线；相反地，最好是在面料的反面标记折叠线和定位线，并运用假缝将线条转移到正面，这样就更容易看到褶裥需要放置的位置。

褶裥的宽度和褶裥之间的间距可以给一件服装创造出有趣的效果，所以折叠线和定位线的标记是非常重要的。

当"山"的折痕被拉到定位线上时，沿着第二条折线就会产生一个"山谷"折痕

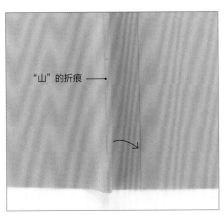

"山"的折痕 ⟶

在面料上做一个"山"的折痕

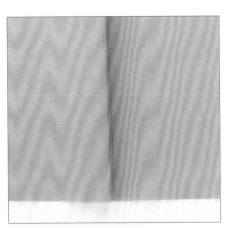

现在面料上"山"的折痕折到了定位线上

帮助

我的褶裥布块现在太小/太大，与服装不匹配。

回去检查一下打褶的记号。不准确的标记和压烫，即使只有1/8英寸（2~3毫米）的差异，也会在一系列的褶裥上造成成品尺寸的差异。

熨烫已经存在的褶裥是很棘手的。大多情况下，蒸汽和湿气会使由天然纤维制成的面料变形，而合成纤维在使用蒸汽和湿气的情况下，也很难形成褶裥。因此，第一个褶裥的准确性是至关重要的。

▶ 试一试

花一些时间提前在纸上做出褶裥是很值得的。可以用同底纹对比明显的彩色笔标记，再打开褶裥，确保褶裥准确。

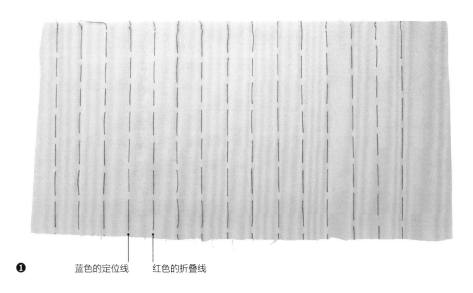

① 蓝色的定位线　　红色的折叠线

刀褶

　　这些都是常规的褶裥，甚至所有的褶裥都朝向同一个方向，通过组合使用，会创造出惊人的效果。它们是最常见的褶裥，也是其他大多数褶裥的基础。

❶ 根据面料的不同，在面料的正面或反面创造褶裥（我用蓝色的线来画定位线，红色的线来画折叠线）。

❷ 沿着第二条红色折叠线，使褶裥的折痕向蓝色的定位线折叠。把褶裥折向蓝色的定位线。继续往下做时，慢慢地把每个褶裥折叠起来并用大头针固定。底部或内部折叠线作为一个引导能保持褶裥位置，甚至是大小。

❸ 将面料放到熨衣板上，熨烫每一个褶。在熨烫之前，一定要把大头针和假缝线去掉，因为它们会在面料上留下凹痕。

❹ 将一长排的手工假缝线（或机器假缝线）缝在褶裥织物顶边，如果是一片带褶裥的样片，则在两边的毛边边缘都做假缝线。

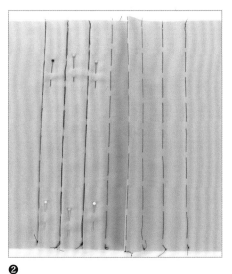

②

③

④

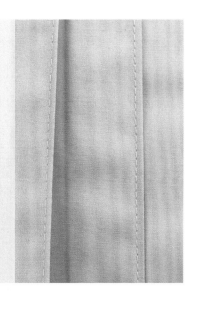

试一试

　　在轻型面料上，比如棉麻，甚至一些轻质羊毛织物，可以直接在褶边上缝合。这会形成一个非常明朗的外观效果，而不是让褶裥仅仅成为在面料上的褶裥。在把褶裥沿着顶部边缘固定之前就需要这样做。

箱型褶

　　这些褶裥相互背对背向反方向折叠。褶裥的宽度应相等，尽管不需要特意这样做，但它们通常会在反面对合。

　　就像刀褶一样，为了精确地打褶，箱型褶也需要虚线折叠线和头线定位线。用不同的颜色标记这些线，这样可以更容易地分辨它们。在这里，红色的线表示折叠线，蓝色的线表示定位线。

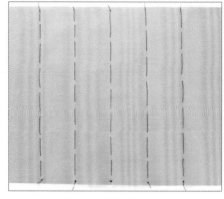

折叠线用红线缝上，定位线用蓝线缝上

❶ 从面料的反面，小心地沿折叠虚线捏起面料，确保折痕在折叠线上。再将折叠线折到定位线位置，并用大头针固定。

❷ 沿着第二条折叠线折叠，并把它折到定位线的另一侧。在定位线的两侧应该有两条折叠线。用大头针将它们固定。

❸ 把所有的东西都放到熨衣板上，在合适的位置上压烫褶裥，可使用熨烫垫布或卡纸来防止面料正面出现褶皱。

❹ 通过在顶部假缝来固定褶裥。

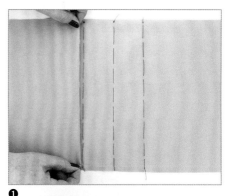

❶

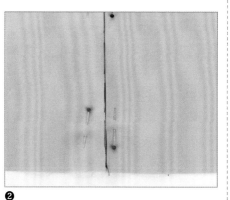

❷

❸

❹ 反面

❹ 正面

倒箱型褶

　　这十分简单：倒箱型褶与箱型褶正好相反。标记和缝合这两个过程是一样的，但出来的效果却完全不同。唯一的区别是箱型褶的褶裥是在面料正面而非反面。

倒箱型褶的缝合

❶ 将面料正面相对折叠，这样两条折叠线（以红色标记）就会直接对合在一起。用大头针固定。

❷ 从褶裥的顶部顺着折叠线缝到所需的长度，或者是缝到纸样标记的地方。

❸ 打开服装和缝好的褶裥，这样缝线就在褶裥的定位线上。沿着折叠线从缝合的地方到褶裥剩余的部分小心捏起，然后折到中心的定位线上。用大头针固定它们。

❹ 通过在顶部假缝来固定褶裥。

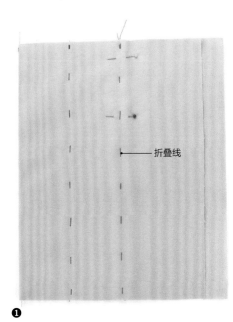

折叠线

❶

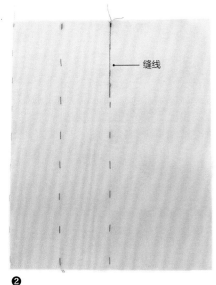

缝线

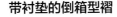

❷

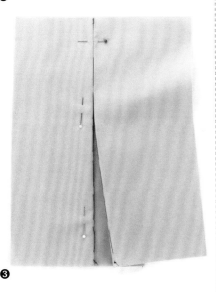

❸

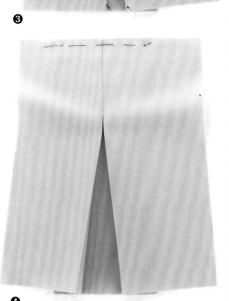

❹

带衬垫的倒箱型褶

　　另外，一个具有鲜明对比的衬垫会增强倒箱型褶的视觉效果。首先需要将面料和褶裥面料的一边缝合好。准确性是关键所在，因为缝份会形成褶裥的折痕。这种标记的工序类型大部分会出现在商业纸样上，需要思考去计算褶裥和衬垫的宽度。

　　在样品中，使用2英寸（5厘米）的褶裥宽度。这意味着衬垫的宽度将会是褶裥宽度的两倍，也就是4英寸（10厘米），再加上缝在两边的缝份量5/8英寸（1.5厘米）×2。所以衬垫的总宽度是5¼英寸（13厘米）。

❶ 正面相对，用大头针将一侧的褶裥固定在衬垫上，缝上缝线。将缝份熨平，而非分缝，之后整理缝份。

❷ 对另一边的褶裥和衬垫做相同的步骤。

❸ 从两边的缝线折叠3/4英寸（2厘米）到衬垫的中心。用大头针固定。

❹ 放到熨衣板上压烫，使用熨烫垫布或卡纸预防皱痕。在褶裥顶部假缝一排线。

❶

❷

❸

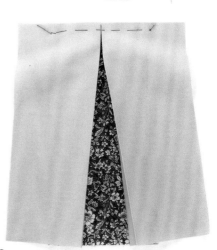

❹

间条塔克

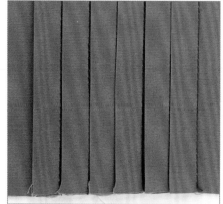

暗塔克

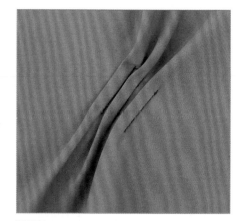

活塔克

间条塔克

这些塔克距离下一个塔克之间会有一段间隔，创造出一种更开放的感觉。它们的制作方式同褶裥一致。

暗塔克

这些塔克相互之间距离很近，一个塔克的折痕就在旁边的缝合线上，然后紧接着又是下一个塔克。这就给面料创造了一种明显的肌理。

活塔克

这些通常是复古风格服装的特色之处，是一种很好的处理浮余量和设计人体轮廓造型的方法。它们用类似于褶裥和其他塔克的方式进行标记，但它们通常不是沿着笔直的线折叠，所以需要用圆点或小圆圈来标记折痕。

它们不是沿着折痕的长度完全缝合，而是只缝合折痕的一部分；这样就可以既消除浮余量，创造出想要的形状，又能把余下的面料释放出来。

它们在穿上身后也能十分有效地保持面料上的褶裥。

针形塔克

它们比一般塔克要小很多，且通常只需要标记折叠线。

方法1

想要精准地缝纫针形塔克可以使用绗缝机的1/4英寸（0.6厘米）压脚。沿着压脚的凹槽折叠塔克，这样缝纫会更容易、更准确。

方法2

也可以使用双针缝针形塔克。如果顶部的张力稍微收紧，这将会在两行缝线之间形成面料的脊梁。在类似于细棉布这样的轻型面料上，这种塔克看起来会非常漂亮。

有时，例如需要针形塔克量很多或者裁片十分小的情况下，在裁剪样片之前缝针形塔克会容易很多。在做好针形塔克的面料上放置纸样并进行裁剪。

针形塔克

方法1

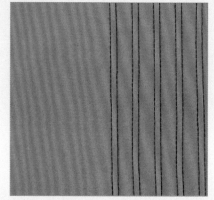

方法2

在连衣裙或束腰外衣的领口
上的针形塔克会变成焦点。

多层抽褶

　　传统上，多层抽褶是手工制作的，看起来很像司马克图案褶皱。然而，自从机械缝纫机问世以来，各种各样烦琐的工作都变得越来越容易。

　　多层抽褶的基本前提是使用细的弹力线代替梭芯底线。因为细弹力线穿过梭芯张力装置和一般的面线进行缝纫时，会有轻微拉伸。当缝纫结束后，弹力线收缩，因此会在面料上完成抽褶。

　　这是一种非常温和的技术，虽然它用在普通的工艺棉布上的效果也很好，但还是最适合像细棉布或府绸这样的轻质面料。

　　人们常用多层抽褶来模仿传统的司马克图案褶皱。然而，在自由运动的服装风格中，它可以在轻质或透明面料上创造一个非常漂亮的效果。

　　所有的机器都是不同的，可能需要不同的装置来处理弹力线。一定要做一个测试样本来确保服装达到想要的效果。因为没有人会喜欢拆线！

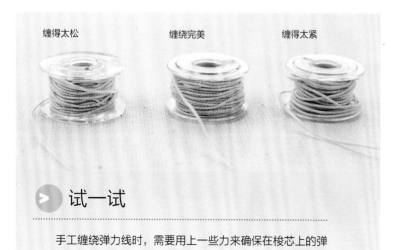

缠得太松　　　缠绕完美　　　缠得太紧

> 试一试

　　手工缠绕弹力线时，需要用上一些力来确保在梭芯上的弹力线不会太松或者太凌乱。

> 试一试

　　对面料进行多层抽褶时，最有可能出现的情况是梭芯的弹力线失去弹性。为了使这种不利因素最小化，可在进行多层抽褶前缠好三个或四个梭芯，避免多层抽褶过程中缠绕梭芯。不过，尽量不要让剩下的缝线少于一半！

帮助

我的多层抽褶没有预期的效果——弹力线不是太松就是太紧。

　　可能需要稍微改变一下梭芯的张力，使弹力线能在正确的张力下通过，但这只能作为最后的手段。通常以微小的增量来改变张力——通常情况下，四分之一的张力就足够了。这样就可以检查已经改变了多少张力，并且可以很容易地返回到正常设置中。

　　如果遇到任何问题，这里有一份小技巧：
- 确保梭芯上的弹力线没有缠得过紧。
- 确保没有弹力线从梭芯张力装置上弹出。
- 不要缝纫多层面料；面料太厚，弹力线拉不起来。
- 尝试增加线迹长度。

❶

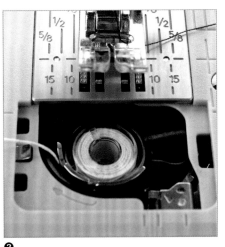

❷

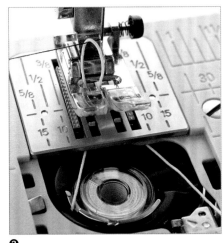

❸

❹

❺

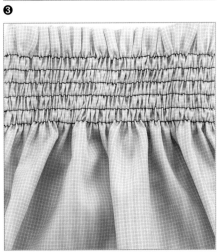

❻

如何进行多层抽褶

❶ 手工将弹力线绕在梭芯上。

❷ 将梭芯插入机器中，确保弹力线全部沿着一般缝纫线的路径通过张力装置。

❸ 将弹力线从顶部金属板拉出，这样就可以正常地工作了，面线和弹力线缝合时都是在压脚下面的。

❹ 让线迹长度超过一般长度（机器在非常长的线迹下会缝得更好——缝一个测试样品来确认）。开始缝纫一排线以及像往常一样倒回针。缝到面料终点，再一次倒回针。

❺ 缝纫第二排和下一排线时，确保它们间隔均匀。可以用右手边压脚作为引导来精确缝纫。第一行不会像想的那样收缩面料，但是随后的每一排多层抽褶会进一步收缩面料。

❻ 一旦所有抽褶线迹缝好，你可能会对这个多层抽褶面料感到十分满意——但是如果想要面料缩得更多，可以轻轻地用熨斗汽蒸多层抽褶。这样弹力线弹性会更好，还可以固定多层抽褶。

技巧： 当缝纫的时候，面料需要一直平整。一只手放在针的后面，一只手放在针的前面，来确保当缝纫时面料平整。

缝份

缝份可以既实用又漂亮。无论它们是完全隐藏还是可见，它们都扮演着至关重要的角色——将两片或更多的衣片接合在一起。

缝份有很多不同的类型。每种都有各自的优点，或适合在特殊的面料上缝制，或是有特定作用。

乍一看来，缝一条准确的缝份会被认为是一种基础技能，这就导致人们忽略它的重要性。事实上，除非完全掌握它，它才会变成最简单的一个步骤。平整均匀的缝份能让最简单的服装看上去像是专业人士制作的。

制衣时最典型的缝份量是 5/8 英寸（1.5 厘米）。这样就留出足够的面料，便于在需要时做出改变，并承受穿戴者对缝份施加的压力。

缝线通常缝在服装内侧。但是，就像大多数的规则有时会被打破一样，有的服装会将缝线缝在外面，并称之为"设计点"。

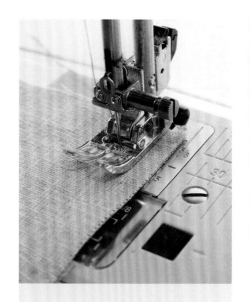

> 试一试

为了帮助缝制一条平直均匀的线，大多数现代缝纫机在缝纫板上都有不同的标记，以显示不同的缝口宽度。为了缝出一条完全笔直的缝线，可将布边置于缝纫板的一条特定的刻度线上。

如果缝纫机没有这些标记，那么有一个简单的方法，就是把彩色纸贴在缝纫板正确的位置上。

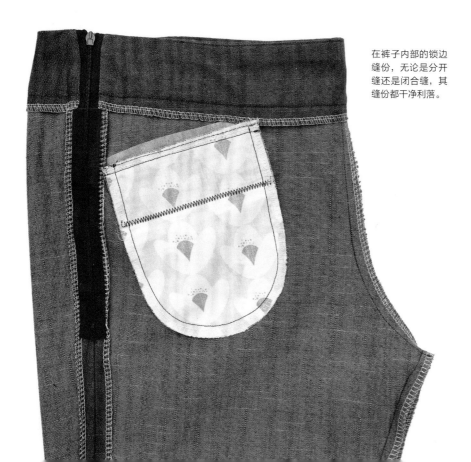

在裤子内部的锁边缝份，无论是分开缝还是闭合缝，其缝份都干净利落。

帮助

当我把缝份烫到一边时，我的面料正面出现了一些小褶皱。

为了避免这种情况发生，要使用熨烫垫布和熨斗尖头温柔地把面料推到合适的地方。

基础缝份——分开缝与闭合缝

这是最基本的缝份，同时也是其他缝份的基础。

❶ 将两块面料的正面相对放置，然后用大头针固定。

❷ 将这两块面料放到压脚下面，布边对齐正确的缝份标记，把针扎进距面料后布边约3/8英寸（1厘米）的位置。

❸ 在距面料末端大约3/8英寸(1厘米)长的位置倒回针来固定在尾端的缝份，以防缝线散掉。它本质上就跟在线尾打结具有相同作用。

❹ 把缝份熨平。这不仅能保持面料平整，还能将针脚隐入面料中，这样缝纫线就不会像山脊一样鼓起。这在处理精细或透明面料时尤为重要。一旦缝好缝份，就可以做分开缝或闭合缝。

❺ 分开缝 在第一次压烫后，分开缝份并把它熨平，让它看起来就像一本打开的书一样。用熨斗尖头沿着缝线小心熨烫，让缝份变得平整。可以整理一下缝份边缘。这种类型的缝份使用很广泛，用在较厚重的面料上效果很好。

❻ 闭合缝 一旦完成第一次压烫，将缝份撇到一边并再次熨烫。

❶

❷

在尾端打倒回针固定

❸

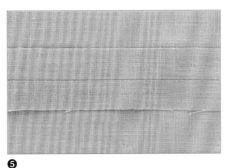

❺

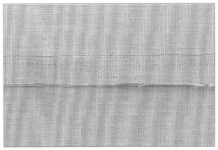

❻

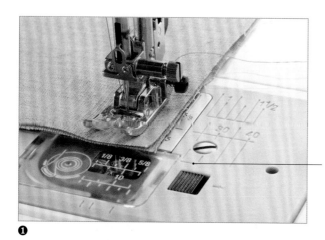

这条线标志
着 5/8 英寸
（1.5 厘米 ）
的缝份量

❶

把针扎入面料后旋转面料

❷a

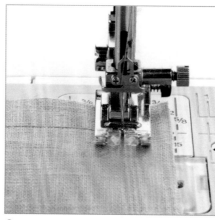

❷b

❸

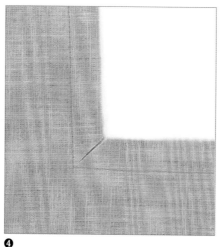

❹

转角

　　转角是一道非常简单的工序，但有一些技巧可以帮助你更完美地完成它。

❶ 许多现代缝纫机在金属缝纫板上有一系列的指示标记和线条。有时会有一个水平的标志标着 5/8 英寸（1.5 厘米）的距离。当缝纫过程中快缝到面料底部时，底边与这个标线对齐后，机针所在的位置即是一个转角点。

❷ 要得到一个漂亮的尖角，在面料转角的点放下针扎入面料中。这将作为面料的"书签"，可防止缝纫线丢失。抬起压脚，将面料绕着针旋转，直到布边重新回到缝份指示标记上（a）。放下压脚，继续缝纫（b）。

　　一旦缝份完成，就需要处理缝份来让这个角更完美。处理的方式取决于角是外部的还是内部的。

❸ 外角　斜切转角处缝份，其余的缝份留在角内。

❹ 内角　将角的缝份剪一个开口。这就释放了缝边余量，让它可以折叠起来，然后在角内创造出一个 v 字形。

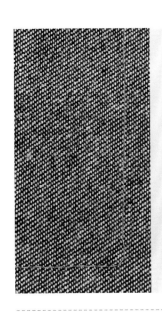

试一试

如果想在较厚重面料上做一个十分锋利的角，可以在缝到转角点之前，先停下来，在转角处斜缝一针，而不是直接停在转角点上。这听起来有点不合常理——但是，留一个稍微有点平坦的角，可以给缝份留出更大的空间，能使该角更锋利。

弧形缝

它的缝纫方式和基本省道一样——不过缝好后，处理方式会略微不同。

布边会和缝线在长度上有所不同——可以想象一下同心圆。因此，对于凹形线或"伤心"曲线，布边会更短。按某一规律来剪缝份，释放曲线上的张力，可以让缝边变得平整。

对凸形线或"快乐"曲线，布边要比缝线长，这意味着缝份将会出现褶皱和重叠，当缝份折叠时，会产生大量的褶皱。在缝份上剪出 v 字形牙口，可以使缝份变得平整。

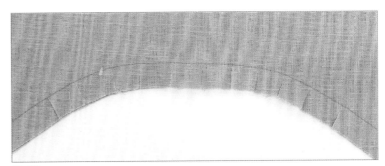

凹形缝

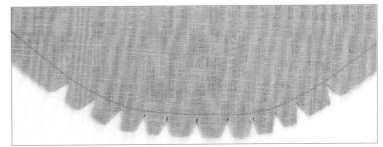

凸形缝

缝份分层

缝份余量有时会使正面显得相当笨重和难看。为了避免这种情况，要把缝份分层。

一旦缝好缝份并把它压熨平，就把缝份的一边剪掉一半宽度。为了保证它从正面看起来平滑的，靠近服装的缝份不进行修剪。

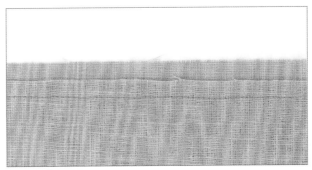

分层后的缝份

法式缝

这是一个又好看又整洁的缝法，它会进行两次缝纫包住所有的缝边，所以它非常适合透明或非常轻薄的面料。它不太适合较厚重的面料，因为折叠起来缝份就会变得很厚。

❶ 将面料反面相对放置缝合，缝份为3/8英寸（1厘米）。将正面的缝份修剪至1/4英寸（6毫米）。

❷ 将缝份分缝熨平。

❸ 将面料翻折过来正面相对，把缝份布边包起来。沿缝份压烫，再用大头针固定。

❹ 缝第二条1/4英寸（6毫米）宽的缝份，包住缝份。把缝边烫倒一边。

❶ 反面相对

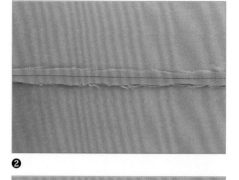

❷

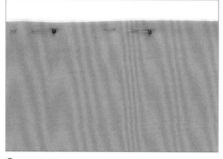

❸ 正面相对

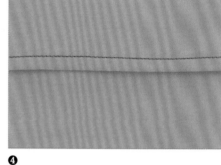

❹

羽状缝

羽状缝是由法式缝变化出来的一种缝线。它适合用在雪纺或欧根纱等面料上，这样的缝份上几乎没有压力。将透明半裙的裙面和衬里缝合就是运用羽状缝的很好的例子。

❶ 和法式缝一样，将面料反面相对放在一起。缝一条3/8英寸（1厘米）宽的缝份，然后将第二排缝份缝得尽可能的近一些。缝好之后把缝份烫平。

❷ 尽量把缝份修剪地靠近缝线。

❸ 将缝份沿着缝线折起来。用大头针别好封住缝边。

❹ 将机器设置成较窄较短的之字形针迹。在缝份边上缝线，确保包住所有缝边。可能需要做一个测试样片来评估之字形针迹的宽度和长度以达到最完美的效果。

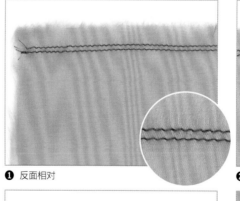

❶ 反面相对

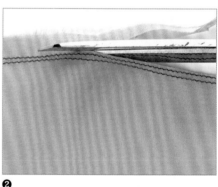

❷

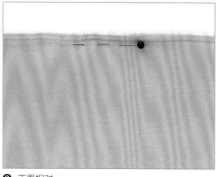

❸ 正面相对

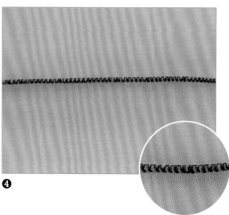

❹

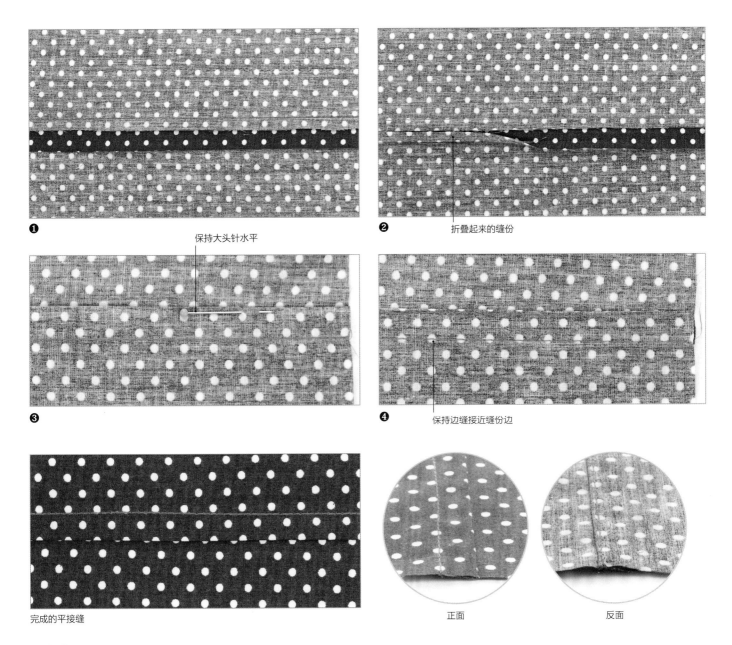

❶

保持大头针水平

❷ 折叠起来的缝份

❸

❹ 保持边缝接近缝份边

完成的平接缝

正面

反面

平接缝

　　平接缝很结实，通常用于合身的衬衫或裤子。这些缝份可以承受相当大的压力，而且仍会平贴在身上。牛仔裤就是一个很好的例子。

　　做平接缝有很多不同的方法，但下面这些步骤是最简单的。

❶ 面料正面相对放在一起，缝一个普通的 5/8 英寸（1.5 厘米）的缝份。缝完后将其压烫至一边。将缝份的一边修剪到只有 1/4 英寸（6 毫米）。

❷ 将缝份另一边折叠到被修剪的一边，这样缝边就会贴着缝线。把缝份烫平。

❸ 把整个缝份沿着缝线折起来，这样所有的缝边都会在缝份下面。在这里用大头针固定。

❹ 沿着缝份边缝线。

整理缝份

　　服装上的缝份在将所有衣片组成服装的过程中扮演着一个很重要的角色，为了帮助它们完成这个工作，以及为了让一切都看起来很完美，需要用既适合面料又适合缝份的方式来处理缝份的缝边。

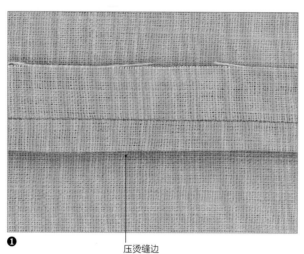

❶

压烫缝边

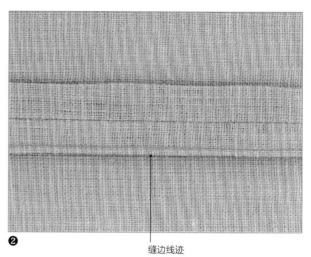

❷

缝边线迹

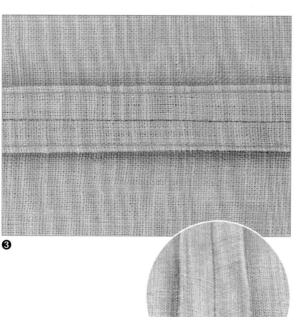

❸

整洁的缝份整理

　　如果没有锁边机且需要整理的是十分轻型的面料，那么以下是整理缝份的一种特别好的办法。

❶ 缝好后分缝。将一侧缝份按1/8英寸（3毫米）的缝隙折起熨平。记得在缝边使用压熨布或卡纸，防止缝线穿过服装的正面。

❷ 把折边缝好，然后固定住。

❸ 在缝份的另一侧重复这个步骤。

之字形缝

之字形缝可以为像棉织物或亚麻织物这样的尺寸稳定的织物提供很好的整理。它同样也能对闭合缝份有更好的整理，因为双层面料使之字形缝更加稳固。

缝上缝份，缝完后将它烫平。

❶ 将机器设置为中等宽度和针距。可以做一些测试样本来测试机器设置是否正确。

❷ 将缝份与压脚对齐，这样之字形缝的右边距离布边约1/8英寸（3毫米）。然后缝到需要的长度。

❸ 将缝份宽度修剪到靠近之字形缝线处。

❹ 将缝份熨烫到一边。

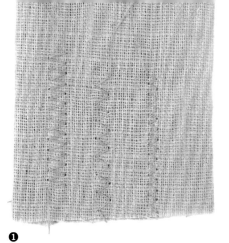

❶

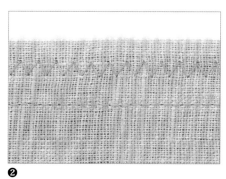

❷

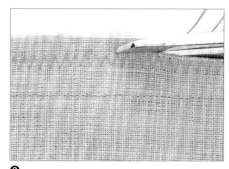

❸

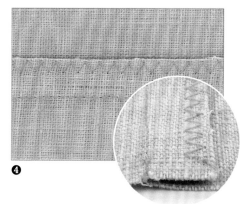

❹

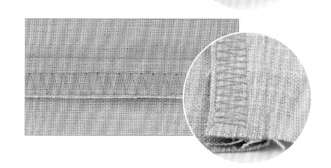

锯齿缝

制作锯齿缝很容易——只需要一把锯齿形的剪刀。缝份缝合结束后将其烫平。

使用锯齿形的剪刀，修剪大约1/8英寸（3毫米）的缝份余量，这样可以让锯齿形边缘变得整齐。然后可以按照纸样规定的方式分缝或将缝份均拨倒一侧。

超锁接缝

这是整理缝线最快最方便的方法。详情请见第四章（见第212页）。

缝好缝份后包边，同时修剪足够的面料到正好使边缘整齐。可以分开对缝份包边，但缝合后可能会有点难处理，所以更多时候是先将缝份缝合再进行包缝。

假超锁接缝

假超锁接缝更多的是在普通的缝纫机上缝制的复杂的之字形线迹。大多数现代缝纫机都有这样的功能。它给人的印象像是包缝，但不会裁剪任何面料。在平纹针织物上缝线时，它也可以用来代替包边，详情请见第四章（见第212页）。

港式缝份整理

　　这种用滚边来整理缝份的传统方法被人熟称为港式缝份整理。这是一种劳动密集型的整理方式，因此通常用于高端服装。对于这种技术，面料的反面会暴露在缝边中，因此请使用双面面料或者你喜欢的反面面料。这种整理不适合弯曲的缝份，需要将其进行裁剪以使其平整。

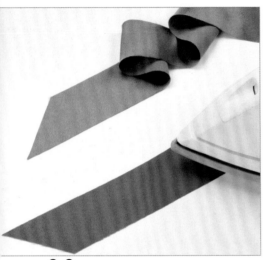

❶~❷

❶ 裁剪宽为 1½ 英寸（3.75 厘米）的斜裁条来对想要整理的缝份进行滚边处理。由于拼接条连接处会很明显，因此要确保有足够的面料制作整条的布条。有额外宽度的布条会使得缝纫过程更容易，在之后可以剪掉多余布条。

❷ 展开熨烫布条。

❸ 将服装反面朝上放置。沿着要滚边的布边放置斜裁条，正面朝下。缝合 1/4 英寸

（6 毫米）的缝份（压脚的宽度）。

提示： 在做服装前，对缝份进行滚边处理，在开始之前必须裁剪足够的棉布（请见第 50~53 页）并根据需要修正纸样。这样进行的缝份处理时才不会发生变形。

❹ 使用垫布熨烫来隐藏针迹，然后将缝份和斜裁条熨烫到远离服装部分的位置。

❺ 将缝份边缘上的斜裁条折叠到服装正面。将大头针插入缝份中。

❻ 服装反面朝上，在空隙内缝线以加固滚边。

❼ 翻转布片。修剪斜裁条至距离线迹约 1/8 英寸（3 毫米）。

❽ 参考纸样指示的制作顺序来进行缝纫。对于每个缝份，都将服装反面与反面相对，对齐滚边。用大头针固定并缝上每个缝份。

❾ 缝合之后进行熨烫，然后分缝。在每个缝份的空隙内缝上之前缝过的所有厚度的布片。

❿ 按照纸样指示完成服装。

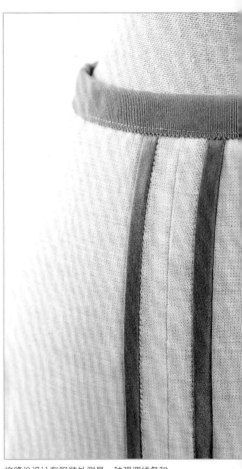

将缝份设计在服装外侧是一种强调线条和增加纹理的好方法

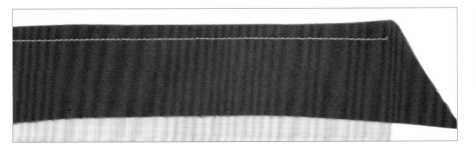

> 试一试

尝试使用印花、格子花纹或亮色
来对面料进行滚边处理。玩得开心！

❸

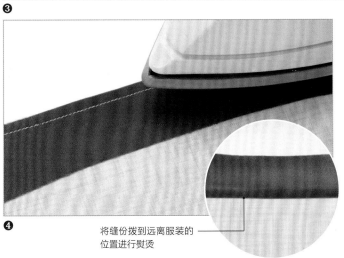

❹ 将缝份拨到远离服装的
位置进行熨烫

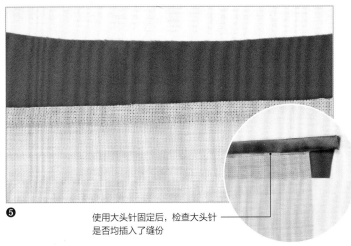

❺ 使用大头针固定后，检查大头针
是否均插入了缝份

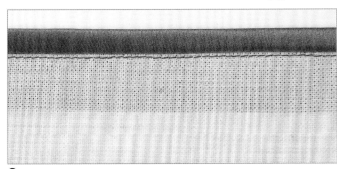

❻

❼

❽

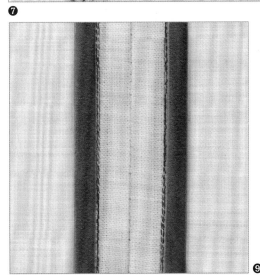

❾

口袋

在我制作的大部分服装中，口袋是必须要做的一个部件。它们不仅实用，而且也是增加服装细节和趣味的绝佳机会。

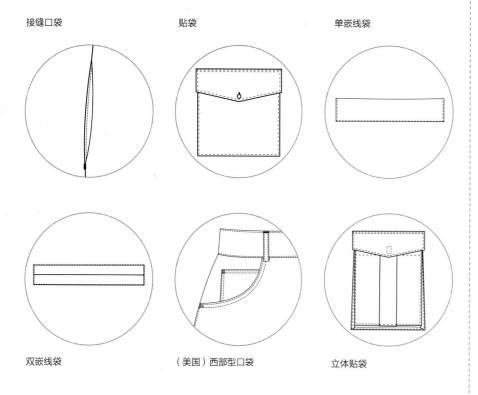

接缝口袋　　　　　　　贴袋　　　　　　　单嵌线袋

双嵌线袋　　　　　（美国）西部型口袋　　　立体贴袋

接缝口袋　它们通常位于服装的侧缝中，但需要时，它们可以放在任何缝线上。

贴袋　这是缝在服装上的另一块面料，它几乎可以是任何形状和大小。

单嵌线袋　这些最常出现在夹克上，也可以缝上一个袋盖。

双嵌线袋　这些用在夹克上，也用作定制裤子的后袋。

（美国）西部型口袋　这是牛仔裤口袋的代名词，在紧身裤上效果很好。

立体贴袋　类似贴袋，但更立体一些。

接缝口袋

这个口袋可以插入到大部分水平和垂直的缝份中。口袋兜也可以缝在服装的正面以增加额外的细节。

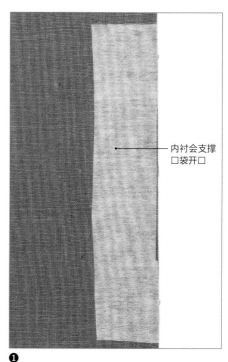

内衬会支撑口袋开口

❶

帮助

我的口袋开口下垂了。

有时，如果面料是轻质的，需要加强口袋开口的缝线以形成挺括的开口。可以将一个薄布条熨烫固定到口袋缝合处的缝份两侧口袋开口的反面。

❶用划粉或面料记号笔标记服装正面的口袋开口。

❷将口袋正面与服装前片正面相对放置。采用3/8英寸（1厘米）的缝边，缝制口袋。将另一片口袋与服装后片相对放置，重复这个过程。

❸将口袋和缝份撇离服装主体熨烫，然后

将袋口暗缝到缝份上（见第232页），以防口袋卷边。

❹将前面和后面的衣片和口袋正面放在一起。将衣片和口袋用大头针固定在一起，确保口袋上的标记对齐。

❺采用5/8英寸（1.5厘米）的缝份量，从缝份顶部缝到口袋顶部开口标记处。在

此标记处旋转，围绕口袋缝至口袋底部开口标记处，再次旋转，并继续向下缝合缝份的剩余部分。

❻使用你所选择的方法来整理缝份（见第94~96页）。

❼将口袋朝服装正面翻转并小心熨烫，确保缝合线平整。

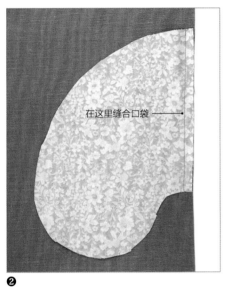
在这里缝合口袋

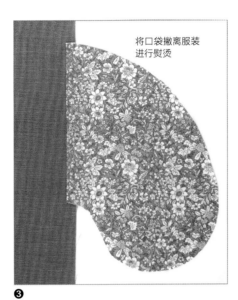
将口袋撇离服装进行熨烫

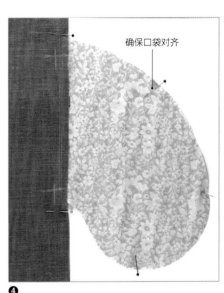
确保口袋对齐

❷ ❸ ❹

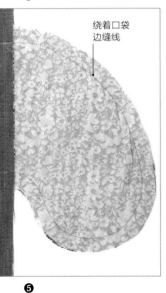
绕着口袋边缝线

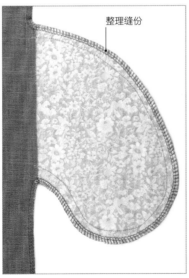
整理缝份

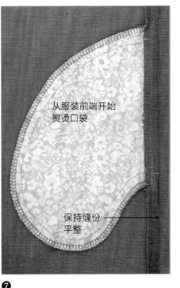
从服装前端开始熨烫口袋
保持缝份平整

❺ ❻ ❼

试一试

在口袋底部缝上一个缎纹型线迹的加固条。这也可以作为缝纫的装饰。

贴袋

贴袋是所有口袋里功能最多样的一种，并可适应无限的变化和应用。 它们可以用在裤子的后片、作为衬衫上的胸袋、用作裙子上的功能口袋，事实上，它可以用在任何认为可能需要口袋的地方。

此例是一个弯曲的贴袋，但它们可以是任何形状。大多数贴袋都有一个延伸的袋口贴边，折叠后可以使口袋的上边缘整洁。有时可以使用单独的袋口贴边。

❶ 使用你习惯的方法来标记贴边的折叠线（见第80页）。

❷ 在服装上，用疏缝线迹标记口袋的定位线。

❸ 在距口袋边上方3/8英寸（1厘米）处熨烫。

❹ 沿着折叠线将袋口贴边朝下折叠到口袋的正面。使用3/8英寸（1厘米）的缝份量，每一边都从折叠处缝到口袋贴边底部。

❺ 上述缝线完成后将口袋翻到正面。戳出贴边的角并将口袋熨烫平整。穿过口袋底部车缝明线进行装饰，保持贴边平整。

❻ 在口袋弯曲基部周围缝上一排疏松的缝线。

❼ 轻轻地画出松量线，在口袋底部形成弯曲形状。熨烫折叠后的弯曲边缘以保持形状。

❽ 将口袋的顶边沿着服装上的口袋定位标记放置，并用大头针固定。

❾ 沿着口袋缝边，确保在开始和结束时倒回针。轻轻熨烫。

▶ 试一试

为了加强固定口袋角，可以添加一个装饰性的矩形或三角形的线迹，这是一种既实用又美丽的方法。

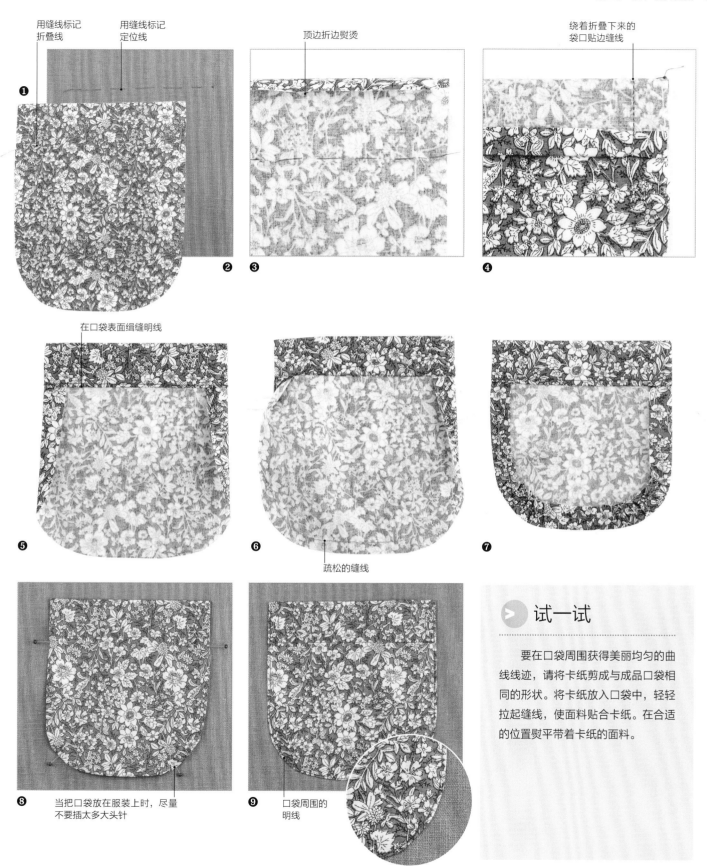

用缝线标记
折叠线

用缝线标记
定位线

❶

❷

顶边折边熨烫

❸

绕着折叠下来的
袋口贴边缝线

❹

在口袋表面缉缝明线

❺

❻

疏松的缝线

❼

❽ 当把口袋放在服装上时，尽量
不要插太多大头针

❾ 口袋周围的
明线

> **试一试**

　　要在口袋周围获得美丽均匀的曲
线线迹，请将卡纸剪成与成品口袋相
同的形状。将卡纸放入口袋中，轻轻
拉起缝线，使面料贴合卡纸。在合适
的位置熨平带着卡纸的面料。

单嵌线袋

作为一件夹克的细节设计，单嵌线袋看起来非常美丽，缝制起来也非常简单。只需进行准确的标记和缝合即可。如果面料组织松散，请将针脚长度缩短一些，确保所有这些线迹不会变形。

口袋的"嵌条"是位于口袋底部边缘的折叠式织物条。当口袋打开时，口袋的背面会被看到，所以需要考虑这一点。如果想使用对比强烈的里布，允许被看到的话最好。但是，如果希望可见的"口袋背面"与服装主体相同，则需要做袋口嵌条和口袋衬里（当然，嵌条也可以是完全不同的面料）。

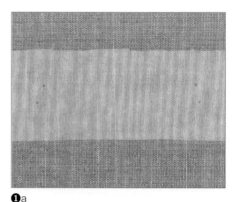

❶a

口袋定位标记

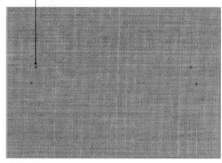

❶b

一个粗略的经验法则是，口袋贴边应该大约是口袋深度的一半。

❶ 在口袋开口的反面贴衬（a）并在服装正反两面标出口袋的位置（b）。

❷ 将正面相对，沿纵向将嵌条对折，并在短边上缝制，缝制3/8英寸（1厘米）的缝份。

❸ 修剪角部并将嵌条正面翻出。使用尖角翻转器来帮助推出角。熨平嵌条。用机器疏缝嵌条的宽边。

❹ 将嵌条放在底部的贴标标记之间，以便缝线在两条定位线之间。用大头针固定位置并在定位标记之间进行缝制，确保缝纫线不会覆盖在服装上。

❺ 将两个部分正面向上放置，将袋口贴边与口袋布相对，对齐顶部边缘。用之字形线迹连接口袋贴边底部与口袋布。用机器将顶部边缘疏缝在一起，距离边缘1/4英

寸（6毫米）。

❻ 将口袋布正面沿着顶部口袋定位线放置，其毛边朝向嵌条，令缝纫线与定位标记一致。沿顶部口袋定位线进行定位并缝制，确保缝纫的两端在嵌条的缝纫线内开始，在1/8英寸（3毫米）处结束。这能确保嵌条位于口袋开口上并且不会有任何间隙。

❼ 从反面沿袋口中心线仔细剪裁，确保只穿透服装层。距离顶部3/8英寸（1厘米）剪切，并令切入角形成Y字形。请务必不要穿过缝纫线，但尽可能靠近它。

❽ 将口袋从开口处拉回到服装的反面，并调整它使其保持平整。

❾ 将口袋向后折叠，使口袋底边与嵌条缝份处对齐（a）。在第一排缝纫线的顶部沿缝线固定（b）和缝制（c）。

❷

❸

机器疏缝

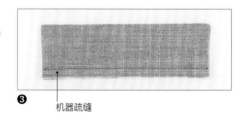

❹

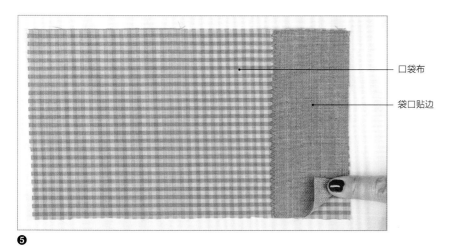

口袋布

袋口贴边

❺

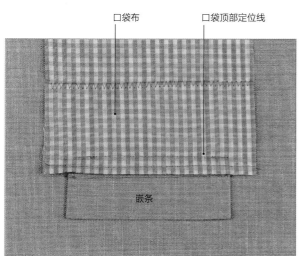

口袋布　　　口袋顶部定位线

嵌条

❻

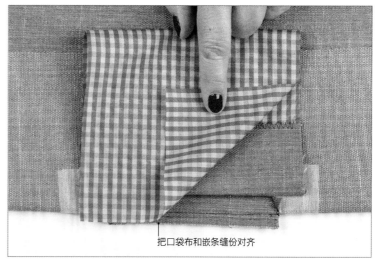

把口袋布和嵌条缝份对齐

❾a

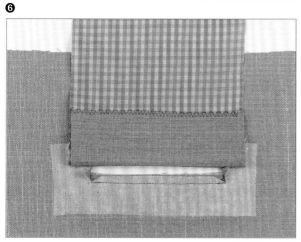

❽ 反面

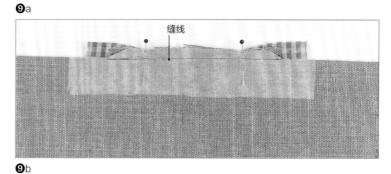

缝线

❾b

❾c

⓾ 将口袋向后折叠（a），这样可以将嵌条翻到上方，使其平放在服装的正面（b）。

⓫ 将服装向侧面折叠，露出口袋开口处的小三角形。穿过定位线两端之间的三角形，倒缝几次以确保缝合牢固，然后缝制袋口侧面。

⓬ 如果从服装内可以看到口袋，则可以对口袋的边缘进行整理。

⓭ 最后，抓住嵌条的两侧，通过手或缝纫机沿着嵌条缝纫。

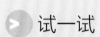

试一试

如果在口袋内有内衬，可以用锯齿剪修剪边缘。如果在服装内部的口袋是可见的话，可以作包边处理。

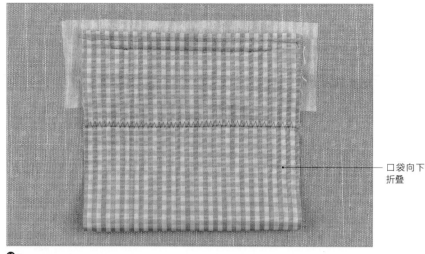

⓾a

口袋向下折叠

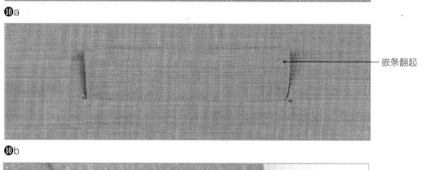

⓾b

嵌条翻起

⓫

三角

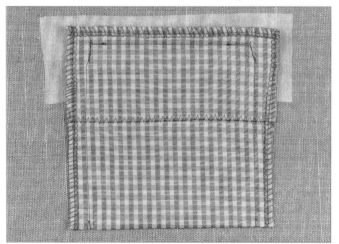

⓬

⓭

双嵌线袋

双嵌线袋缝制是非常精确的，当准确缝制它们时，它们看起来非常具有专业性。它们有时被称为"双层贴边"口袋，但这严格来说并不准确：单嵌线口袋的嵌条是作为成品部件添加到工序中的，而双嵌线袋则是在缝纫过程中形成的嵌条。

与单嵌线袋一样，除非希望看到袋布，否则需要考虑双嵌线袋的背面并使用贴边。

❶ 将黏合衬贴到服装反面口袋的位置处。

❷ 将口袋标记转移到服装正面和袋口反面。在袋口上绘制开口线条，能更方便缝纫平行线。

❸ 将袋口放在服装正面上，配合袋口上的标记，使它们准确位于服装的标记上，并用大头针固定。

❹ 沿口袋口绘制的箱型长边缝制，确保两排针迹平行且长度相同。这对缝制精准的袋口非常重要！

❺ 沿两条平行线的中间线剪开，剪至距两边 3/8 英寸（1 厘米）。继续朝缝合线的两端剪切，剪至最后一针的末端，但不要剪穿缝合线本身。然后翻转服装，在服装面料层重复同样的操作。

 试一试

用手转动缝纫机的转轮可以精确地缝合到嵌条线的两端。

❶

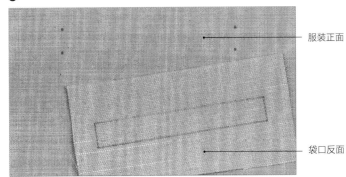

服装正面

袋口反面

❷

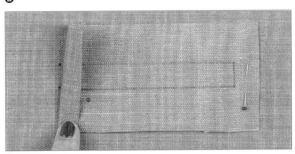

❸

线迹要相等且平行

❹

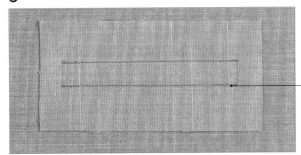

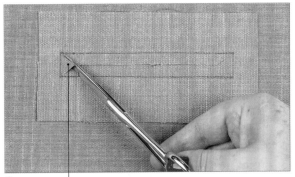

❺　剪的时候不要超过线迹

❻ 通过缝隙将袋口拉到服装反面。小心地将底部袋口缝份分烫并继续从缝份处向袋口的两端熨烫。对袋口的顶部缝份重复相同操作。

❼ 把小三角形也折回反面。

❽ 将袋口向下折叠覆盖缝份，创建口袋的第一个嵌条。对袋口的另一侧重复相同的操作。从正面调整袋口，使口袋边缘均匀。压烫并用少量蒸汽固定平整。

❾ 将袋口边缘疏缝在一起，以便在完成口袋其余部分时能保持形状。

❿ 将服装折叠，露出袋口短边处留下的小三角形。穿过三角形底部的针迹开始缝纫，到袋口缝线尾处结束。缝纫开始与结束的时候要倒回针。

⓫ 将口袋前片袋布与嵌条相对放置，使口袋顶部边缘与嵌条底部对齐。用大头针固定（a）。将服装翻过来并折回，露出嵌条缝份（b）。将嵌条缝份和口袋前片缝合，直接缝在缝份线上（c）。向下折叠口袋并烫平袋口（d）。

⓬ 将后袋布的正面与贴边的反面相对放置，这样两个部分正面都在上，缝边对平。用之字形线迹穿过贴边的底部边缘和袋布上方，将两层缝合在一起。

⓭ 将后袋布和贴边正面朝下，与口袋反面相对，以使袋布的顶部边缘与顶部嵌条缝份齐平。固定到位。将服装翻过来折叠，露出缝边。沿缝份缝合口袋布，直接缝在缝线上。

⓮ 将后袋布对齐，使其平放在前袋布上。缝合袋子的侧面和底部（a）。整理缝份（b）。

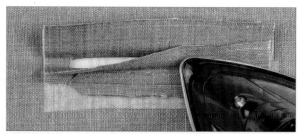

❻ 反面

三角

❼

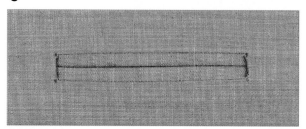

❽ 正面

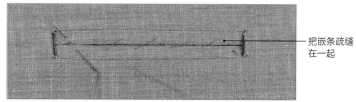

把嵌条疏缝在一起

❾

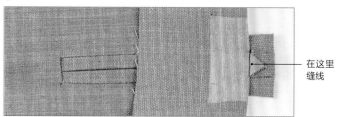

在这里缝线

❿

试一试

在服装正面以人字形针固定嵌袋可以防止口袋在后续制作过程中出现松垂和拉伸。

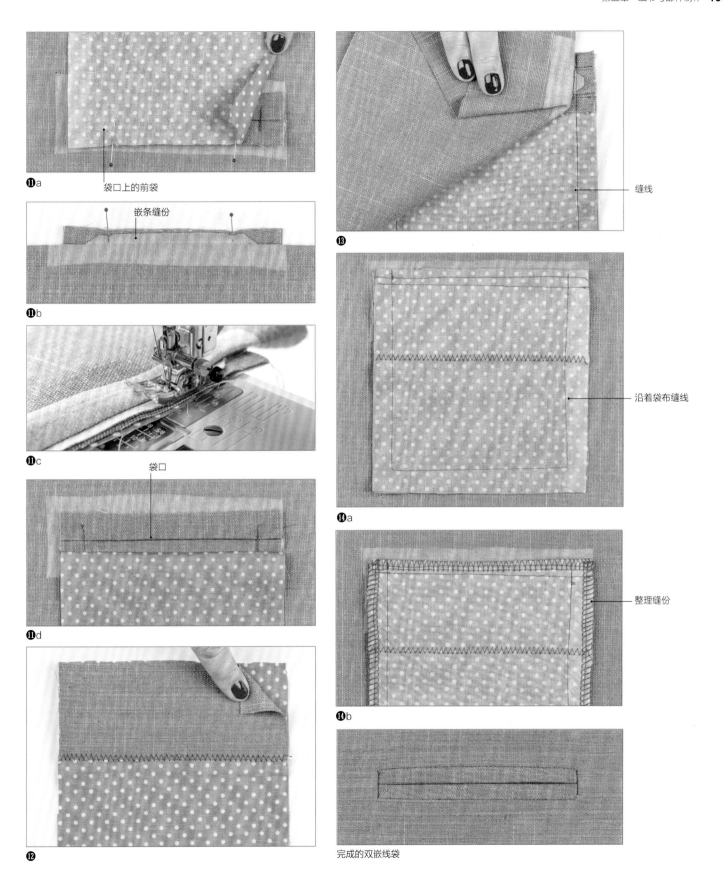

⓫a

袋口上的前袋

⓫b

嵌条缝份

⓫c

袋口

⓫d

⓬

⓭

缝线

⓮a

沿着袋布缝线

⓮b

整理缝份

完成的双嵌线袋

（美国）西部型口袋

　　西部型口袋是正面带有开口的口袋。这类口袋也可以称作牛仔裤口袋或 J 形口袋，因为这是牛仔裤最常用的口袋形状。口袋高度和弯曲的形状可以非常容易地将手伸进口袋，如牛仔裤。尽管切割形状通常是弯曲的，但它可以增加曲线斜度形成更现代的感觉。

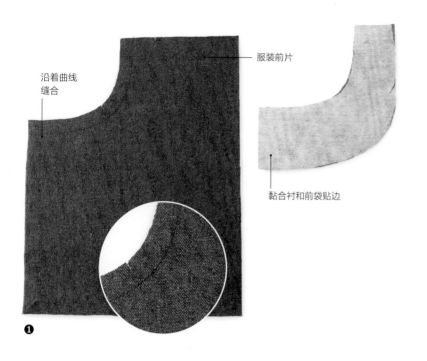

沿着曲线缝合

服装前片

黏合衬和前袋贴边

❶

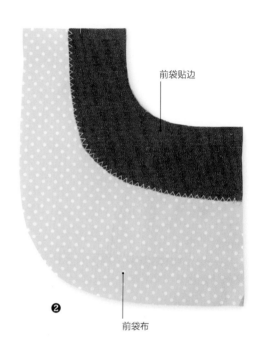

前袋贴边

前袋布

❷

　　口袋的前部被切掉，这将露出口袋的后部，所以这将需要一个贴边；同时还需要一个贴边来包裹口袋的前部弯曲边缘。这两种贴边都可以用装饰面料或对比面料来制作。这会露出一部分袋布，该袋布应该使用比服装更轻的面料，以避免在服装内部增加额外的重量。

❶ 将黏合衬贴到前袋贴边的反面，并沿服装正面口袋开口的曲线进行缝合。

❷ 将前袋贴边的反面与前袋布正面相对。确保口袋开口的曲线匹配。在前袋贴边的底部边缘缝上之字形线迹来保持平整。将

前袋布和前袋贴边的两层作为一个整体。

❸ 将面料正面相对放在一起，前袋贴边放在服装正面。在弯曲的口袋开口周围用大头针固定并缝制。

❹ 将缝份分层（参见第91页）并将剩余的曲线缝份剪切口。

❺ 将贴边翻转到正面并暗缝（参见第232页）到缝份上，不要缝到服装上。

❻ 将贴边折叠到反面，并在此处熨烫平整，然后将贴边放置在下方。穿过所有面料，在弯曲的袋口进行边缝。

❼ 贴边反面与口袋正面相对，将口袋后贴

边放置在后袋布上。将顶边对齐并用缝纫机疏缝在一起。在口袋后贴边的底部边缘开始用之字形线迹将其缝在布上，这可以减少重量。如果使用的是较轻的面料，则可以在此处使用缝份。

❽ 将面料正面相对放在一起，后袋放在前袋上。将口袋边缘毛边对齐，然后沿着弯曲的底部边缘将正面和背面的口袋缝在一起。确保将服装主要部位保持在原位。整理缝份。

❾ 用缝纫机将口袋疏缝在服装的侧缝上。

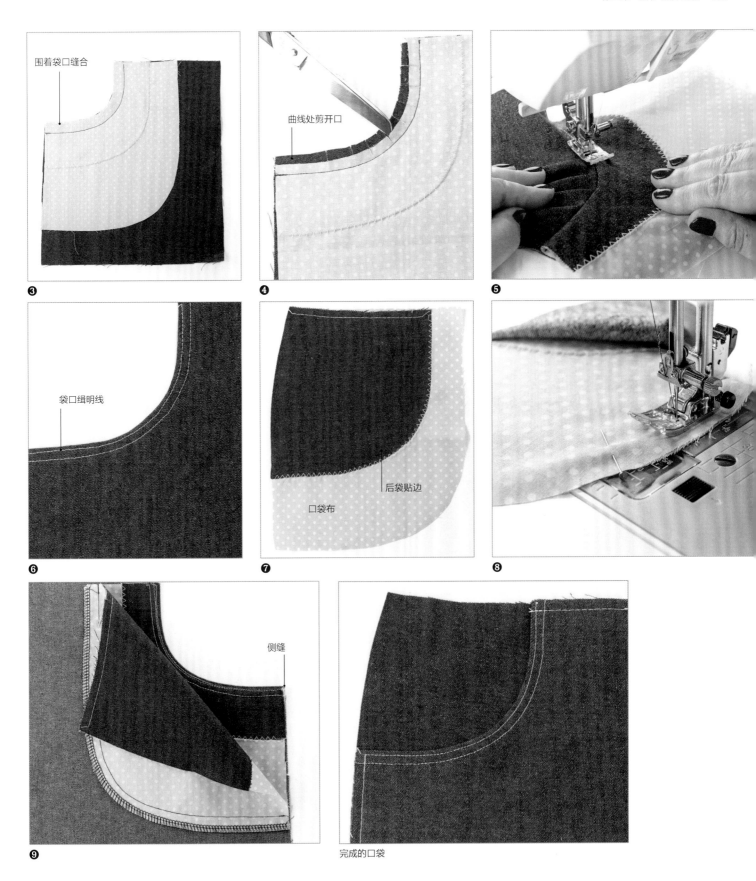

围着袋口缝合

❸

曲线处剪开口

❹

❺

袋口缉明线

❻

后袋贴边

口袋布

❼

❽

侧缝

❾

完成的口袋

立体贴袋

立体贴袋结实且实用。与贴袋相似，可以实现各种各样的变化。虽然最适合用更结实的面料，如斜纹棉布，甚至厚重型的亚麻布，但用更精致的面料（如水洗丝绸乔其纱）制成的厚实口袋也有很好的对比效果。

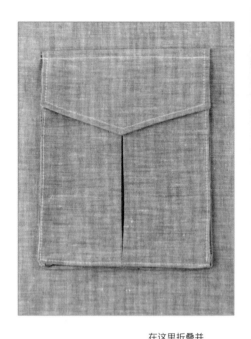

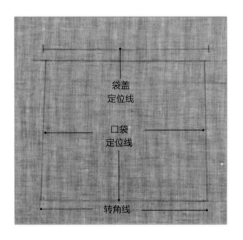

袋盖
定位线

口袋
定位线

转角线

❶

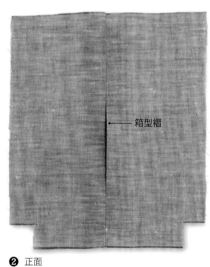

箱型褶

❷ 正面

在这里折叠并
缉缝明线

❸

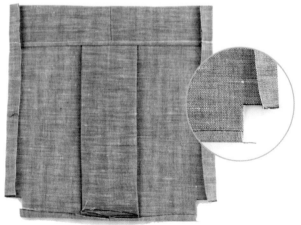

❹ 反面

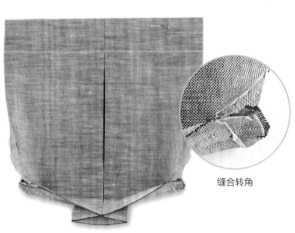

缝合转角

❺ 正面

这个样品是一个带袋盖的褶口袋。一般来说，袋盖比口袋宽1/4英寸（6毫米）比较好，这样袋盖可以整齐地覆盖在口袋上，而且袋盖侧边也看不见口袋的存在。

❶ 在服装正面标出口袋定位线。

❷ 在口袋中央做一个箱型褶（参见第82页）。沿褶皱顶部和底部的褶皱线缝一小段距离以完成褶。将褶熨烫平整。

❸ 在口袋顶边的下方折叠3/8英寸（1厘米），然后沿着折叠线再次将上边缘折叠到下方，这样就完成了口袋的贴边。沿贴边底部缉明线并将其固定。

❹ 沿着口袋的其余三个侧面熨烫缝边。这部分将在稍后介绍。

❺ 将口袋正面折叠在一起，将底角捏在一起。沿着转角缝合。

❻ 在折角的地方剪掉多余的面料，并翻转至正面。

❼ 折叠口袋侧面和底部下方的缝份，并熨烫，沿着口袋前部形成折痕。

❽ 沿着每条折痕进行边缝，拐角处稍停，转角后再重新开始。

❾ 将口袋顶部放置在顶部定位线上，将口袋底部与底部定位线对齐，并将其固定。确保口袋底座的四个角位于口袋正面的四个角的正下方。

❿ 在底座周围进行边缝，在每个转角旋转，然后继续缝纫。

⓫ 可以在口袋的顶角缝制一个小矩形或三角形，以加固口袋开口（参见第100页）。

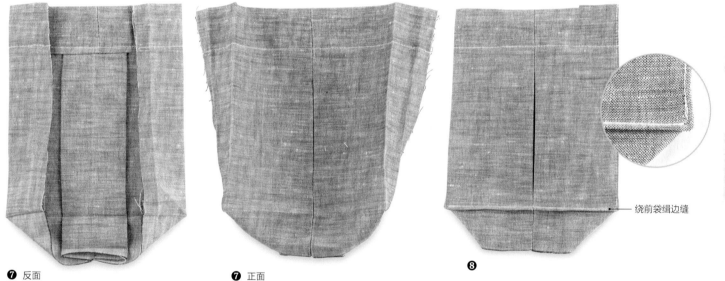

❼ 反面　　　❼ 正面　　　❽

绕前袋缉边缝

❾

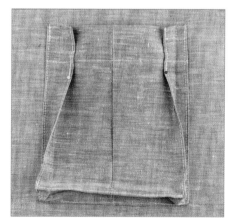

❿~⓫

□袋盖和黏合衬

□袋盖和衬里

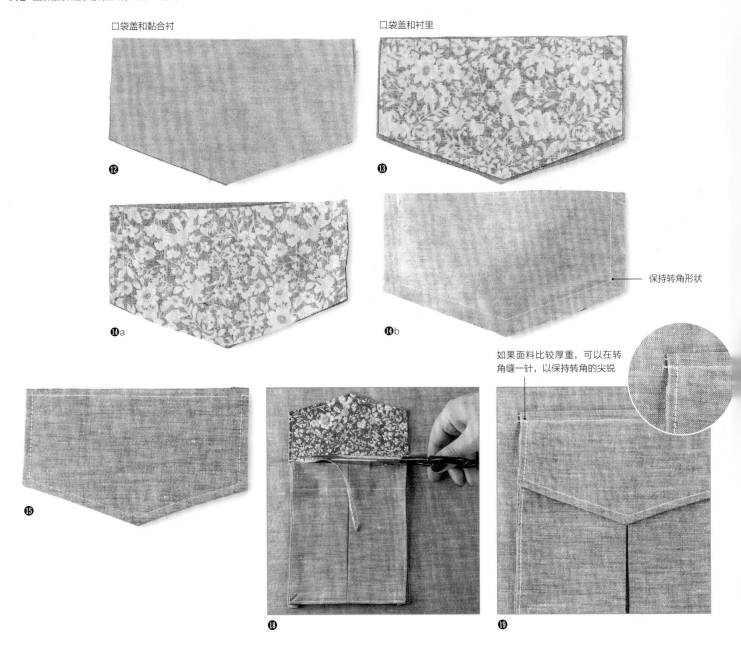

保持转角形状

如果面料比较厚重，可以在转角缝一针，以保持转角的尖锐

⑫ 在袋盖反面压烫黏合衬。

⑬ 袋盖衬里应该只比袋盖小一点。这样就可以将衬里覆盖在袋盖上，并确保袋盖轻微卷曲后衬里仍不显露。

⑭ 将袋盖和衬里正面相对固定在一起。移动衬里，使其适合袋盖且所有缝边均对齐（a）。沿袋盖的侧面和底边进行缝合，并

在拐角处旋转使其保持干净锐利（b）。

⑮ 修剪转角处多余的面料并将袋盖正面翻出。折出转角并熨烫平整，确保从正面看不到衬里。沿着袋盖两侧和转角缉明线。

⑯ 穿过全部面料层将所有开边疏缝在一起。

⑰ 将袋盖正面边沿着服装正面的定位线放置。

⑱ 沿定位线缝纫，并将缝份修剪至1/4英寸（6毫米）。

⑲ 将袋盖向下折叠，熨烫，然后从袋盖向下沿着修剪好的缝份缉明线。

这种马蹄形贴袋通过添加倒箱型褶而得到三维立体的效果。

开口和
闭合

手工制作服装的乐趣之一，是可以把服装制作得更好。为了确保穿衣和脱衣方式的安全性，服装的开口和闭合需要特别关注的重点之一。没有什么比裙子上拉链松掉或者纽扣掉落更让人感到尴尬的事了。

开口和闭合也是一种可以将自己的个人风格添加到服装中的方式，毕竟，细节决定成败。只需在包边式开襟处装饰闪光的对比面料，就可以使衬衫显得更加不同和特别。正是这些考虑周到的细节才能真正将手工定制与成衣分开。

袖衩开口　　　袖衩开口

❶

袖衩开口

袖衩开口是男士衬衫袖子上使用的传统开口。通常在袖衩顶部有一个塔尖，被称为袖衩塔。由于所有的缝边都被进行了很好的处理，所以它也可以应用在 T 恤和衬衫的正面开口上，会给人一种清爽整洁的感觉。

这种工艺看起来很复杂，但实际上非常简单。开始进行一些精准的压烫一定会有所帮助。使用对比面料也可以增加趣味，最好避免使用非常轻薄的面料，因为会通过面料看到缝份。

提示：为了让定位线排列整齐，请将一根大头针穿过袖衩定位线的顶部，然后将大头针用相同的方法穿过袖身定位线的顶部。这能保持袖衩垂直。

❶ 首先在袖身和袖衩的反面标记袖衩开口。

❷ 在袖衩上，将长边折进3/16英寸（5毫米）熨烫，然后折出袖衩塔的边缘进行熨烫，使塔尖保持在中央。

❸ 将袖衩开口线直接放在袖身开口标记线上，然后用大头针固定。

❹ 沿袖衩开口线缝制，确保在转角准确转动。

❺ 沿袖衩开口的中心线剪切，停在距两端3/8英寸（1厘米）处。在转角处切出Y字形，注意尽量贴近转角，但不要切断缝合线。

❻ 轻轻地将袖衩折到服装外侧熨烫。

❷

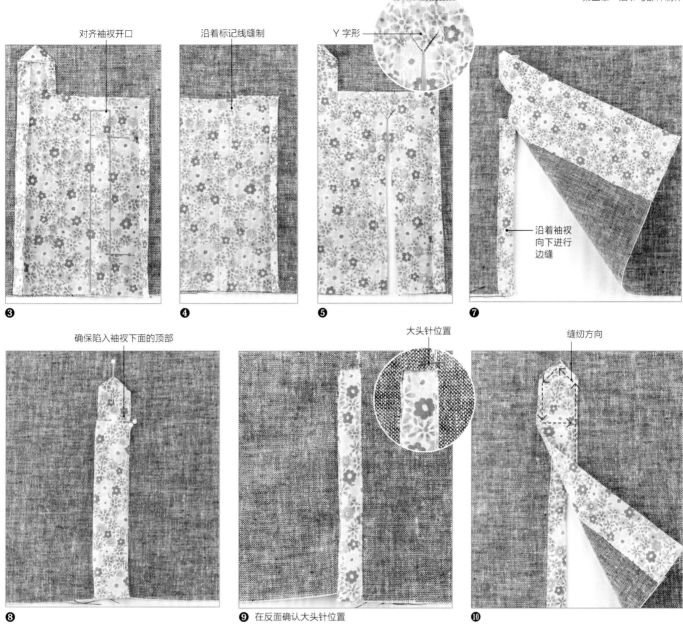

对齐袖衩开口

沿着标记线缝制

Y 字形

沿着袖衩向下进行边缝

7

3 **4** **5**

确保陷入袖衩下面的顶部

大头针位置

缝纫方向

8

9 在反面确认大头针位置

10

7 将袖衩通过开口拉到正面。在没有塔尖的一侧，将袖衩折叠在缝边上，使袖衩的折叠下边缘位于缝合线的正上方。用大头针固定。将门襟向下缝合，从底摆缝到开口顶部。

8 折叠袖衩的另一个尖端，使折叠的边缘位于缝纫线的正上方。当提前熨烫袖衩时，它应该全部放置到位。用大头针固定。

提示： 为了保持所有缝线都平整漂亮，在折叠袖衩的尖端之前，请小心地用熨斗尖按压袖衩开口处的缝份。这将有助于袖衩的侧边精确且平坦地位于袖衩塔的下方。

9 检查开口端的位置，并用大头针标记。便于后期缝制。

10 从袖衩底摆开始，沿长边缝合，并绕着尖塔形状的角转动。当缝到标记开口末端的大头针时，旋转并横穿袖衩缝制。回针四针，然后再次穿过袖衩缝制。

包连式开口

　　包连式开口是一个处理开口的好办法。它也适用于袖衩和后领口。这是一种比传统门襟开口更精致的方法，因此更适合精细的面料，如细棉布或中式绉绸。

❶ 首先标记服装正面的开口定位线。

❷ 使用比平常更短的针迹长度，从定位线的一侧向上缝制一条1/8英寸（3毫米）的线，在定位线的末端处旋转，缝制定位线的顶部，然后在距离线1/8英寸（3毫米）处旋转并缝制定位线的另一侧。

❸ 使用锋利的剪刀，非常小心地剪开定位线，停在距离线迹顶端不远的位置。在方角内切出Y字形，注意尽量贴近缝边，但不要切断缝合线。

❹ 沿着斜裁条的一个长边熨烫1/4英寸（6毫米）的折边。

❺ 将斜裁条未熨烫边的正面放在剪开开口的反面。打开剪口并沿着斜裁条的长度放

置。开口的中心将远离滚边边缘，但是没关系。用大头针固定。

❻ 将顶部的剪口打开，以便检查是否有任何部位被卡住，沿滚边距离边缘1/4英寸（6毫米）缝制。

❼ 小心地沿着缝份熨烫滚边。

❽ 将滚边折叠到服装正面，使滚边折叠线边缘位于缝合线的正上方。用大头针固定。

❾ 对滚边进行边缝，以便覆盖前一行缝线。熨烫滚边使之平整。

❿ 完成后，将滚边折叠在一起，在滚边顶部缝制对角线。这使所有地方保持干净整洁。

> **试一试**

　　如果想要手工完成滚边，确保首先将滚边缝合到开口的正面。然后，再将滚边翻转到服装的反面。

提示：通常是先将正面缝合在一起，但这里的滚边首先缝合反面。这意味着从正面开始缉明线，这样可以更容易地在靠近边缘处进行缝制，同时仍能包住所有部位。

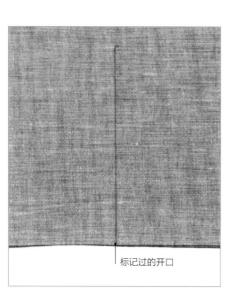

标记过的开口

❶

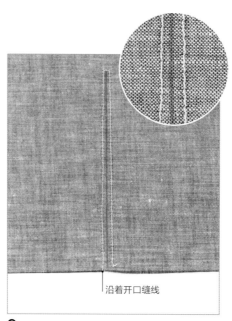

沿着开口缝线

❷

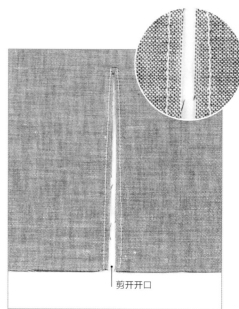

剪开开口

❸

❹

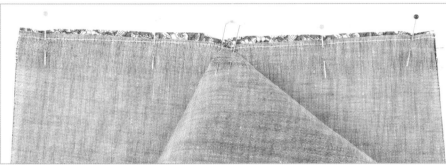

❺

穿过开口末端缝制

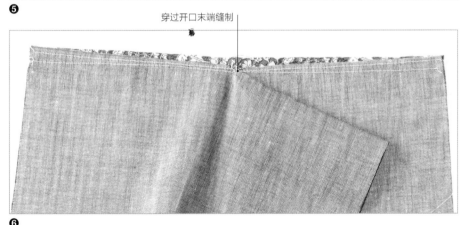

❻

❽

穿过滚边顶部缝线

❿

完成的包连式开口

后中开衩

后中开衩是缝线底部的开口，为服装增加了松量，方便活动。它通常用于直筒裙或铅笔裙，也用于夹克背面。

后中开衩是通过将缝份的底部延伸到所需宽度的开衩贴边而形成。

当开衩位于后中时，左侧通常会与右侧重叠。偶尔，例如在夹克背面可以有两个开衩。在这种情况下，开衩将在远离后中线的位置重叠。

❶ 使用黏合衬来稳固后中开衩区域。贴衬区域需要从开衩开始上方3/4英寸（2厘米）处延伸至底摆，贴衬区域应刚好超过底摆宽度的两倍。

❷ 首先在服装的反面标出底摆线和后中线。

❸ 使用你喜欢的方法（见第234~241页）来处理左右后中的底摆线。在重叠于下方的面料（穿着时的右后片）上，将底摆折回到正面，然后缝合开衩延伸至前缘。

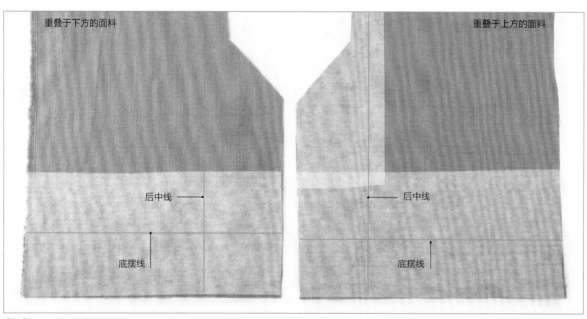

重叠于下方的面料　　重叠于上方的面料

后中线　　后中线

底摆线　　底摆线

❶~❷

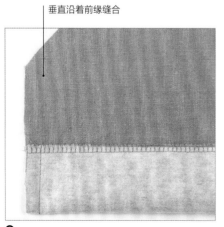

垂直沿着前缘缝合

❸

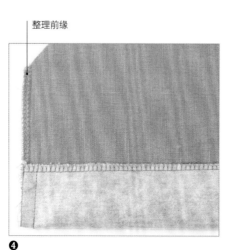

整理前缘

❹

在前缘上手缝缝份

❺ 反面

❹ 整理开衩延伸处的前缘，到正好穿过底摆缝合处止。

❺ 将底摆转回到反面，并在尖角处使用转角器。熨烫开衩延伸部分的前缘，使其与缝份处于同一直线上。手缝缝份。

❻ 在重叠于上方的面料上（穿着时的左后片），整理开衩延伸部分并将延伸部分折回正面。沿着底摆水平地穿过开衩延伸部分缝纫。

❼ 仅剪去延伸部分上多余的面料。翻转到正面，并在转角处使用尖角翻转器。

❽ 缝制后中缝，在开衩顶部旋转，然后沿后开衩的对角线边缘继续缝制。

❾ 从服装反面看，重叠于下方面料的部分应该位于最上方，而下方则是重叠于上方面料部分。将后中缝修剪到缝线拐点上方。将后中缝分烫。

❿ 在服装正面，熨烫重叠的开衩部分，然后从开衩边缘沿对角线缉明线，一直缝到后中缝，在开始和结束时倒回针。

⓫ 继续暗缝（见第237页）底摆。

▶ 试一试

我喜欢在底摆线内侧添加一条内衬，这样它就可以突出底摆。当手缝底摆时，暗缝针迹将穿过内衬，而不是面料，这样能保持正面隐形。但请确保内衬与面料正确黏合。

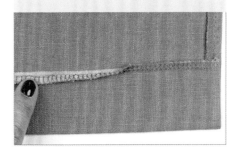

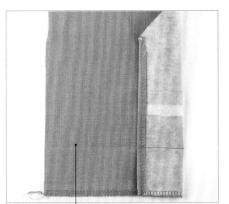

❻ 沿着底摆水平缝纫

❼ 剪掉多余面料

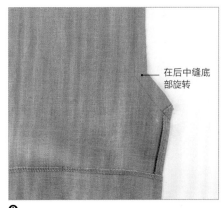

在后中缝底部旋转

❽

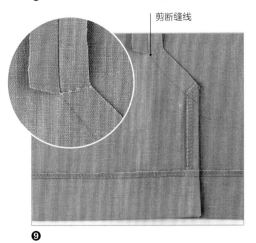

剪断缝线

❾

❿ 完成开衩

⓫

纽扣和扣眼

　　使用了合适的纽扣才可以真正完成一件服装，所以在进行手工制作时要考虑到这一点。

　　不同颜色和设计的纽扣是无限多的，但它们分为两个基本类别：带孔的纽扣和带柄的纽扣。带孔的纽扣通常是两孔或四孔的。当缝合时它们几乎完全平放在织物上，纽扣和服装之间空隙很小，当纽扣被紧固并穿过扣眼时，可以在其间放置一层额外的面料。

　　这就是需要针线的原因。它将纽扣略微提升到缝制的服装上方，一旦纽扣扣好，服装的其他部分就与扣眼一起整齐地位于纽扣下方。当缝纫纽扣时，可在其下方滑动一根火柴棍。这可以防止将线拉得太紧或太松。

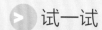

试一试

　　缝制纽扣时，请使用约1码（1米）长的线。将线对折并将环形端穿过针眼。使两端水平，然后打结。即用四股线缝制使其更牢固，这样所需要的线也更少。

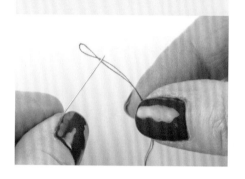

如何缝制一个纽扣

❶ 在线的末端系好一个不会穿过面料的结，或先在面料上缝几针。

❷ 将针从反面穿到服装的正面并穿过纽扣的第一个孔。在纽扣下方滑动火柴杆，然后将针头向下穿过纽扣的另一个孔。

❸ 通过纽扣进行几次缝纫后，将针穿过纽扣下方的面料，然后取下火柴。将线缠绕在纽扣柄上3~4次，以加强纽扣柄。

❹ 将针穿过面料底部，并穿过可见线缝制几个锁边针迹。

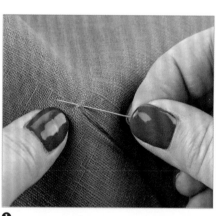

❶

❷

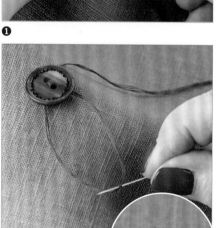

❸

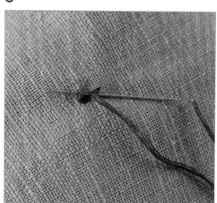

❹

带柄纽扣

❶ 在线的末端系好一个结，或先在面料上缝几针。

❷ 在面料上缝一针，并在针仍在面料中的情况下，在纽扣的柄上穿线。

❸ 拉动针以完成缝合。

❹ 拿着纽扣并轻轻按下，以便在将针穿过面料缝制时，针也会穿过纽扣柄。

❺ 以这种方式缝制多次，然后穿过可见线缝制几个锁边针迹。

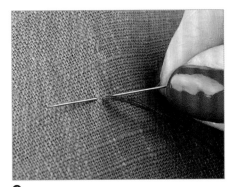
❶

❷

❹

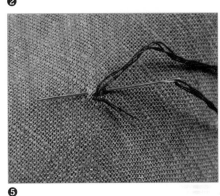
❺

测量机器缝合的扣眼

大多数现代缝纫机都已经预先编程了某种形式的自动或半自动扣眼针迹。这使得缝制常规尺寸的扣眼变得更加容易。

但是，它们仍然需要准确标出，一般的经验法则是扣眼的末端距离服装的边缘应不小于纽扣直径的一半。这是因为纽扣通常会拉到扣眼的最远端，如果它太靠近服装的边缘，纽扣可能会悬挂在边缘上。

扣眼应使用划粉或标号笔标记，以显示扣眼的长度。如果为手工缝制的标记线，则还应显示定位线。

缝合后，需要打开扣眼。最简单的方法是使用一个非常锋利的手工拆线刀。

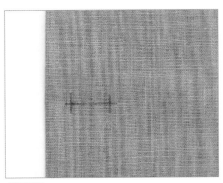
标记扣眼

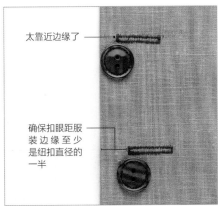
太靠近边缘了

确保扣眼距服装边缘至少是纽扣直径的一半

扣眼的正确位置

试一试

为避免意外地穿过扣眼的末端，可将一个大头针放在扣眼的末端。大头针会阻止手工拆线刀拆过头。

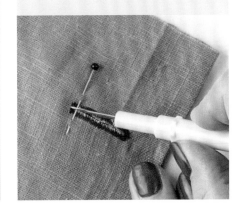

包边扣眼

包边扣眼在外套和夹克上看起来非常悦目，如果用对比色的面料缝制也很好。它们有点复杂，但真的是服装上很值得做的精细处理。

如果扣眼缝在夹克上，则需要在相应的贴边上打孔。扣眼位置可以同时在服装和贴边上标出，确保一切都对齐。制作贴边详见第124页。

帮助

我的扣眼没有对齐。

如果正在外套前面缝制几个包边扣眼，将卡纸模板切割成扣眼的正确尺寸可以更方便你制作。这样就可以在模板周围绘制以标出扣眼的位置。

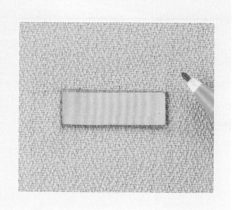

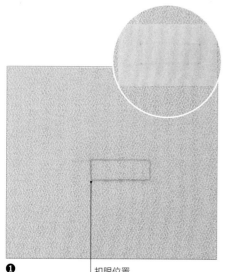

❶ 　扣眼位置

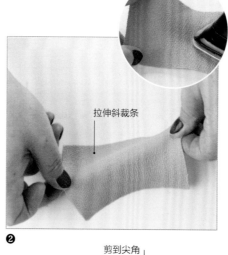

拉伸斜裁条

❷

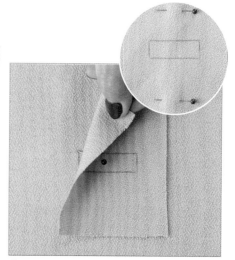

❸ 反面

❹

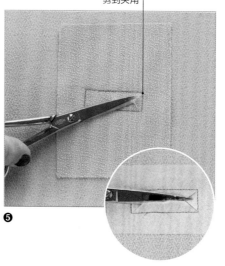

剪到尖角

❺

❻

❶ 标出扣眼位置。在服装上扣眼区域的背面应用黏合衬以稳固面料。

❷ 在斜纹布上切割一块矩形面料，比成品扣眼长至少长1¼英寸（3厘米），宽2英寸（5厘米）（在斜纹布上切割它的原因是让纽扣通过开口时有一点松量）。拉伸面料时使用蒸汽熨烫。这将使稍厚的面料变平，并使尺寸更稳固。

❸ 在斜切矩形面料的反面画出扣眼。正面相对，将矩形直接放在服装的扣眼上。用大头针固定，大头针远离标记线。

❹ 从长边开始，沿着标记线缝制，在拐角处转动并在末端重叠针迹。

❺ 穿过矩形的中心线，切穿两层面料和内衬。在两端切出Y字形，注意不要切断缝线。

❻ 小心地将斜纹布穿过剪口并将其熨平。

❼ 要创建第一个开口，请将斜纹矩形布的顶部边缘折叠，使折叠线位于开口中心的下方。熨烫并用大头针固定。

❽ 重复步骤7以创建开口的另一侧。然后从正面熨烫扣眼。

❾ 折回服装，露出扣眼两端的小三角形，缝制全部面料层。可以用拉链压脚缝制，以保持靠近开口的边缘。

❿ 将第一个开口的缝份缝到斜纹矩形布上，直接压在前一条针迹线上。对另一个开口进行重复操作。

⓫ 修剪斜纹矩形布上的多余面料并将其熨平。将扣眼的开口封闭，以防止在缝合服装其余部分时发生翘曲。

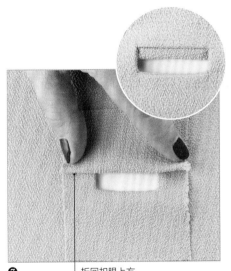

❼ 折回扣眼上方

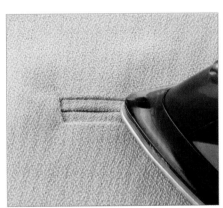

❽ 正面

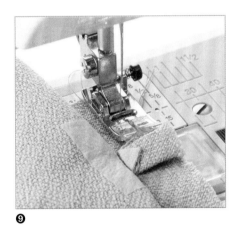

❾

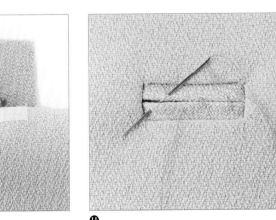

❿ 沿着标记线缝制

⓫

贴边

要制作扣眼，请见第122~123页。

❶ 剪下一个矩形的贴衬，比扣眼宽约2½英寸（6厘米），长约1½英寸（4厘米），并矩形中心标记扣眼。

❷ 将贴衬的非黏性面与贴边的正面相对，直接放在扣眼标记上，然后用比平常短的针迹缝在标记线的内侧。从较长的一侧开始，在拐角处转动，并在末端重叠缝线。

❸ 穿过扣眼的中心线裁剪，在两端之前停止，并将Y字形状剪切至拐角，注意不要切断缝线。

❹ 在将贴衬熨烫到贴边上之前，将贴衬拉过缝隙并排列整齐。现在贴边就有一个完美贴合扣眼的小窗口了。

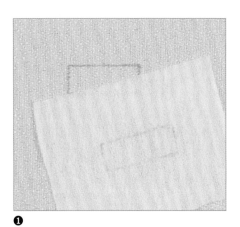

❶

❷ 在扣眼开口周围缝合

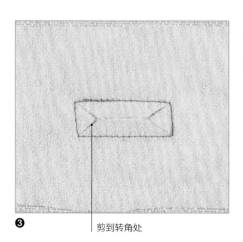

❸ 剪到转角处

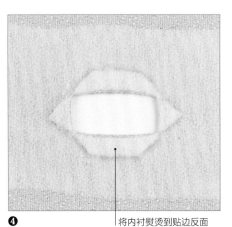

❹ 将内衬熨烫到贴边反面

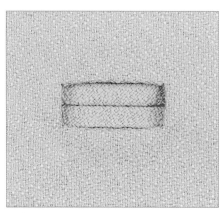

完成贴边

➔ 对比色纽扣会使这款裙子更具亮点。

钩扣和钩眼

钩扣和钩眼通常由弯绞的金属丝制成，根据其用途，或小或大。它们可以是金属镀镍或上漆成黑色或白色，重要的是要确保它们尽可能难以看见。

钩扣和钩眼最常见于拉链顶部，或者也可以用来固定一个没有很大张力的轻薄面料。钩扣和钩眼在底座上都有两个环，通过两个环可以将它们缝到面料上。

❷

❸

❹

缝制钩扣

❶ 首先将锁边针迹缝入面料中以标记钩扣的位置。

❷ 用拇指和食指将钩扣固定，然后将线缠绕在钩扣下面。在钩扣下面穿过面料进行缝纫。再缝几针，这样就把钩扣固定在缝纫标记点处了。

❸ 将针从钩扣顶部穿过面料，从其中一个环中出来。在环圈周围用扣眼针缝制。这不仅看起来更美观，而且更整洁牢固。

❹ 将针穿过面料，使其穿过另一个环。继续用扣眼针缝合环圈。最后用几个锁边针迹锁紧。

❶

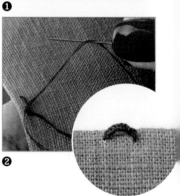

❷

缝制锁边线圈

有时需要更精细的表面处理，在这种情况下，最好使用带有金属钩的手工缝合环。

❶ 用双线缝制几个锁边针迹，然后将针穿过线圈所需宽度的面料层。以这种方式缝制几针，就形成了锁边线圈。

❷ 从线圈末端开始，在线杆周围缝制一个扣眼针。确保每个针脚都很好并且相距不远。同样，这不仅看起来更美观，而且使得锁边线圈耳更牢固。用几个锁边针迹完成制作。

❶

❷a

❷b

完成的钩扣和钩眼

缝合钩眼

❶ 像之前一样缝制锁边针迹以标记钩眼的位置。

❷ 在大环的标记点上缝一条横线，将其固定（a），同时用扣眼针缝制较小的环（b）。像缝制钩扣一样处理。

四合（按）扣

四合扣或按扣现在很少使用，但用在合适的位置上会非常实用。有时用于代替钩扣和钩眼，它们可以用在难以触及的地方，并且经常在复古的服装上出现，以确保在短裙或连衣裙上的侧开口安全牢固。如果在服装上开一个大型扣眼是不切实际的，那么也可以在大型装饰纽扣下面使用它们。

四合扣有各种尺寸，由两个元件组成：母扣和公扣。母扣在公扣内"啪嗒"一声，两扣便固定在一起了。使用双倍厚度的线将它们手工缝在面料上。

❶ 标记四合扣在服装上的位置。该定位标记可以从纸样上转移到面料上。

❷ 首先在定位点上缝制几个锁边针迹。

❸ 将针穿过四合扣母扣的四个大孔中的一个。用手指和拇指握住母扣。

❹ 将针头向下穿过面料，然后向上穿过母扣中的孔。这里可以缝一个扣眼针，但是套针就足够了。

❺ 缝制四针或五针，然后将针向下穿过面料并向上进入下一个孔。继续在每个孔中缝制多个针迹以牢固地固定纽扣。

❻ 缝制最后一个孔时，在面料上缝制几个锁边针迹。

❼ 将大头针从下方穿过四合扣母扣的中心，露出针头。握住四合扣的公扣，使大头针穿过其中心。此时与服装的另一侧重叠，针脚会穿过服装，标记需要连接四合扣公扣的位置。

❽ 重复步骤2~6，安装四合扣的公扣，然后取下大头针。

❶~❸

❹

❺

❻

❼

❽

完成的四合扣

拉链

拉链存在的时间比想象的要长。在我们今天熟悉的产品出现之前，有好几次形式变更。第一个专利发明于 1851 年，但是花了 40 年才把产品推向市场。直到 1913 年，一位名叫吉迪恩·桑德贝克的绅士设计的现代拉链才发展起来。

拉链曾经主要是用在靴子和烟草袋上，而时装业花了 20 年时间才明白了拉链是多么美妙的设计。最早的拉链是用紧密的齿状金属做成的。然而，现在有许多各式各样的适合特定面料或功能的拉链。最常见的还是尼龙礼服拉链，这是大多数裁缝的传统选择。

中分式拉链

这可能是最传统的装拉链的方法，将传统的服装拉链用在礼服或裙子的后中是最好的选择。

❶ 将后片正面相对放在一起，将一块非常轻薄的黏合衬贴在缝边上，这样就可以在缝合拉链时稳定开口，防止缝线弯曲或拉伸。如果服装是没有衬里的，最好在装拉链之前，用自己选择的处理方法把衣片后中的缝边整理好。这样缝完拉链后，可以不必整理缝边。

❷ 将拉链沿着缝边放置，让拉链头刚好与服装顶部边缘的缝边齐平。在拉链止口的缝边处标记一个点，然后将拉链放在一边。

❸ 用机器沿着后中线从服装的顶部边缘向下缝，一直缝到拉链止口的标记点处。在这个标记点处，把缝纫针插进面料，并将针迹的长度调回正常。在标记点处进行倒回针，然后继续缝合到接缝末端。

❹ 劈缝压烫平整。将拉链止口标记转移到两块衣片的缝边上。在正面画上缝纫线（请参见对页的"试一试"）。

❺ 将拉链正面朝下放在缝份上，拉链齿的中心部位位于缝份线上，并用大头针固定。在适当的位置对拉链进行假缝，防止其移动。这似乎有点麻烦，但现在花时间比以后拆开重缝要好得多。

❻ 将拉链压脚装到缝纫机上，对于大多数机器而言，拉链压脚有两边，要确保针落在压脚的右侧。此时可能需要调整针的位置，这取决于机器型号。

❼ 在正面从拉链左侧的顶部开始，沿着标记了的缝纫线缝，在拐角处调转方向，穿过拉链的底部缝纫，在下一个拐角处调转方向，一直缝回拉链右侧的顶部。

❽ 小心地打开缝份，并拆下所有的假缝线。轻轻地压烫缝份。

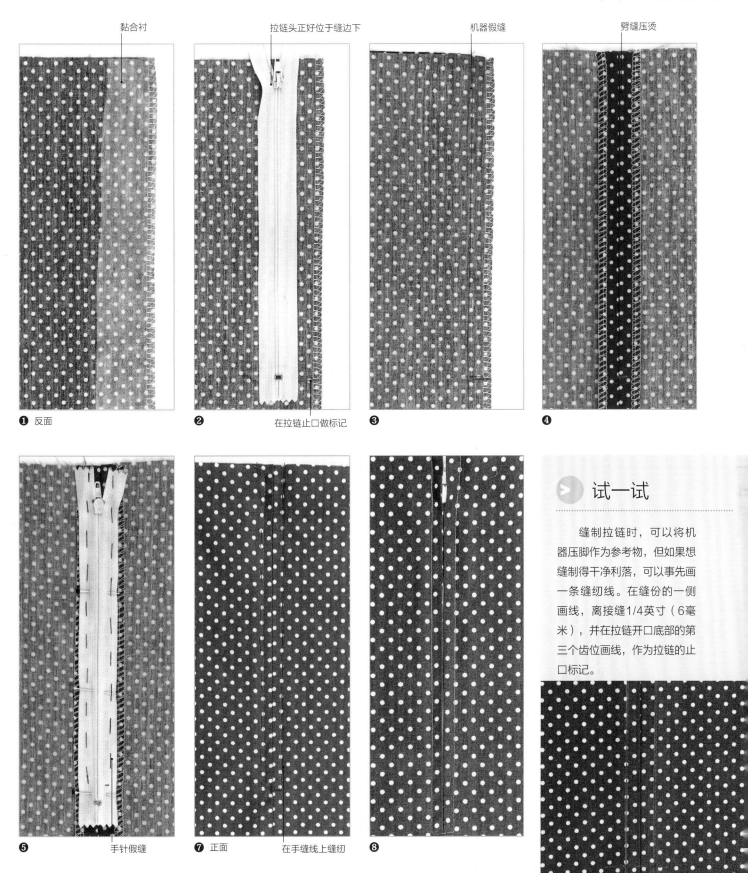

黏合衬

拉链头正好位于缝边下

机器假缝

劈缝压烫

❶ 反面

❷ 在拉链止口做标记

❸

❹

❺ 手针假缝

❼ 正面 在手缝线上缝纫

❽

试一试

缝制拉链时，可以将机器压脚作为参考物，但如果想缝制得干净利落，可以事先画一条缝纫线。在缝份的一侧画线，离接缝1/4英寸（6毫米），并在拉链开口底部的第三个齿位画线，作为拉链的止口标记。

门襟拉链

由于其复杂性，门襟拉链似乎是需要考虑最多的拉链。这可能会很棘手，但仔细考虑后装这种拉链会非常简单。

男装和女装上的拉链缝制方向通常不同。同样地，男装和女装的纽扣和扣眼也位于相反的两侧。这是由于传统观念中女士的服装需要侍女帮助她穿。大多数仆人是右撇子，所以扣子在服装的左边，这对于仆人来说则是右边。

现在，这实际上取决于个人喜好，大多数牛仔裤的右侧都有拉链开口。所以，就像大量的缝纫技术和工艺一样，用最舒服的方式去做吧。因此这里没有硬性规定。

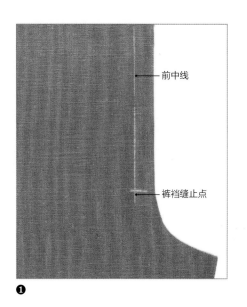

前中线
裤裆缝止点

❶

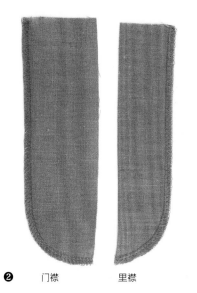

❷ 门襟   里襟

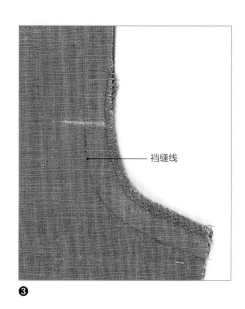

裆缝线

❸

在这个样品中，我将门襟开在了右边，因为这是我喜欢的穿裤子的方式。纸样可能会有所不同，有些可能包括连身里襟（门襟和里襟为一片），而另一些则使用单独分开的门襟。我使用的是单独的门襟。因为我觉得这更好地诠释了门襟各个元素的功能。

❶ 在两条裤片的前中线做好标记。在面料上标记裤子裆缝的止点。如果愿意，可以使用划粉或者假缝进行标记。

❷ 将黏合衬粘在门襟和里襟的反面。修整门襟的弯曲边缘。反面相对折叠里襟，然后修整弯曲的缝线。

❸ 将裤子前片正面相对放在一起，并沿着裆缝缝到标记点处，然后倒缝针以确保缝制牢固。

❹ 将门襟的正面朝下放置在裤子前片的左侧，对齐直线边缘，并在适当的位置用大头针固定。采取5/8英寸（1.5厘米）的缝边，从裆缝开始缝到腰部。

❺ 将缝份分层（见第91页）并将门襟暗缝（见第232页）到缝份上。

❻ 将闭合的拉链正面朝下放在门襟上，将拉链带与缝份对齐，并确保拉链止点距离门襟底部3/4英寸（2厘米）。用大头针固定。

❼ 沿着拉链带的右侧边缘进行机器假缝，并将拉链带的末端折叠起来。这将防止拉链的末端在之后的缝合中被夹住。然后调回正常的针迹长度，并沿着拉链带的左侧靠近拉链齿和拉链带的边缘缝制双排缝合线。这使得一切缉线都非常的牢固。

❽ 将门襟向后折至反面，并沿缝份线压烫。沿着门襟的曲线，距离边缘1/4英寸（6毫米）处用机器假缝。这将作为明缝的参考线。

❾ 从右侧开始，沿着机器假缝线缝制明线。清除所有的机器假缝线和任何松动的线。

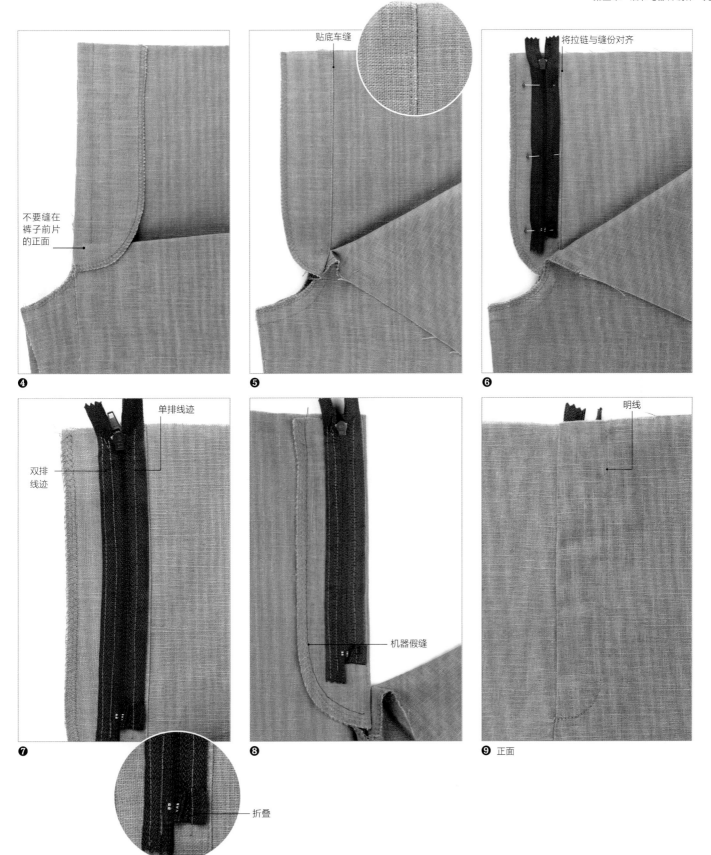

不要缝在裤子前片的正面

❹

贴底车缝

❺

将拉链与缝份对齐

❻

双排线迹

单排线迹

❼

机器假缝

❽

明线

❾ 正面

折叠

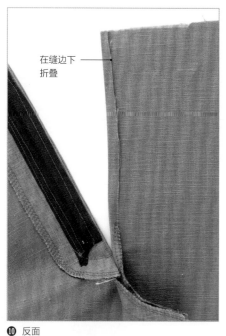

在缝边下折叠

❿ 反面

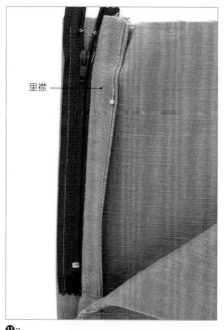

里襟

⓫a

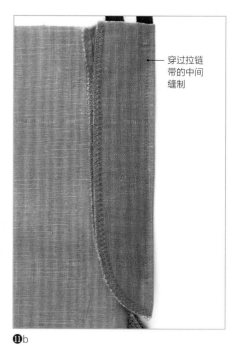

穿过拉链带的中间缝制

⓫b

⓬

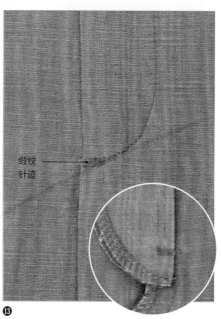

缎纹针迹

⓭

> 试一试

最好先将前裤裆的缝份修整好，这样缝制完以后，服装内部会更干净。

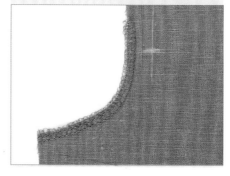

❿ 在裤子前片的右侧，向反面稍微压烫1/4英寸（5毫米）。

⓫ 将拉链带的左侧沿着里襟的折叠边缘放置，确保拉链头正好位于腰部缝份上。并在适当的位置用大头针固定（a）。从拉链的底部缝到顶部，穿过拉链带的中间（b）。

⓬ 将拉链和里襟拉到裤子前片右侧，压入缝边的下方，确保折叠后拉链齿契合。并在适当位置用大头针将其固定。用明线从拉链顶部靠近折叠边缘向下一直缝到刚好略微超过止点。

⓭ 通过所有衣片在门襟的底部缝上一部分缎纹针迹。

搭门拉链

　　搭门拉链或半隐藏式拉链，是另一种更传统的拉链嵌入方式。正如别称所表达的那样，它是部分隐藏的，将其用在裙子上或用在裤子的侧面固定，效果非常好。为了缝制平整，确保拉链搭扣面向服装的反面放置。

❶ 在嵌入拉链的缝份处使用一条非常轻薄的黏合衬，以稳定开口并防止缝份在拉链嵌入时翘曲或拉伸。

❷ 如果服装没有加衬里，则在装拉链之前，最好先锁边。

❸ 将拉链沿着缝边放置，拉链头在服装顶部边缘的缝边下方。在拉链止口下面的缝份上做标记点。

❹ 将正面相对，从顶部边缘用机器假缝，一直缝到标记点处。在这一点处，将针下放到面料中，并调回正常针距。在标记点处进行倒缝，并继续缝纫，一直缝到缝份的末端。

❺ 劈缝压烫平整。将拉链止口标记转移到缝份上。

提示： 缝制拉链时，可以将机器压脚作为参考物，但如果想缝制得干净利落，可以事先画一条缝纫线。在缝份的右侧，从缝份线到拉链止口标记处绘制一条3/8英寸（1厘米）的线，以及穿过拉链开口底部绘制另一条线。

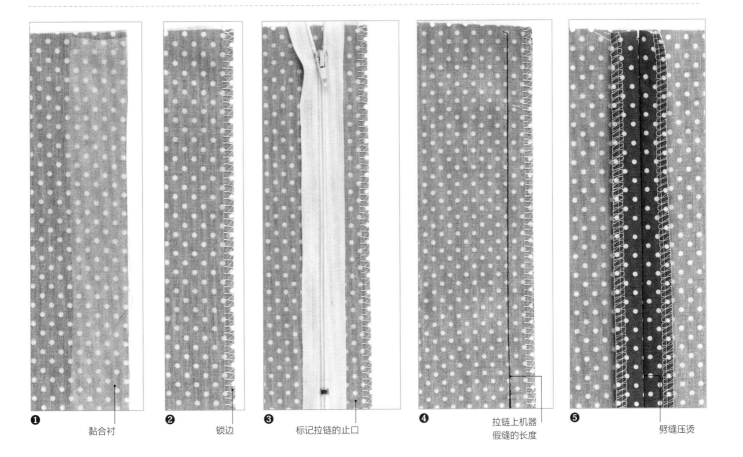

❶ 黏合衬　　❷ 锁边　　❸ 标记拉链的止口　　❹ 拉链上机器假缝的长度　　❺ 劈缝压烫

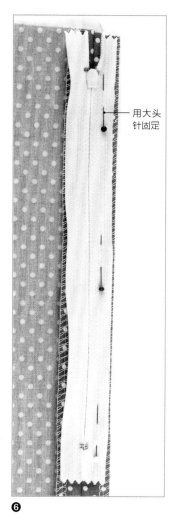

用大头
针固定

❻

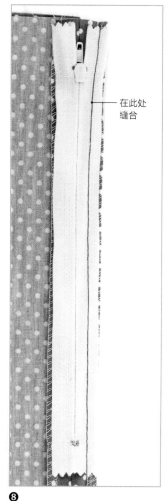

在此处
缝合

❽

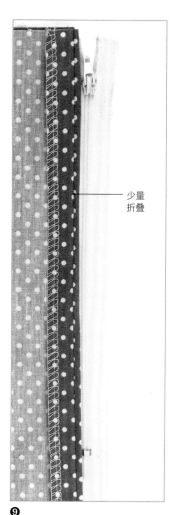

少量
折叠

❾

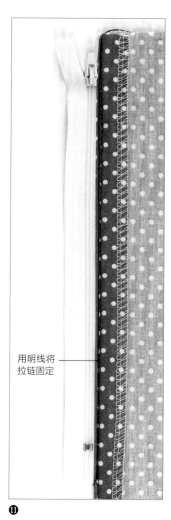

用明线将
拉链固定

⓫

❻ 将服装折叠出正确的缝份，但是需要把缝份打开。将拉链的正面朝下放在缝份处，将拉链齿对准缝份线，仅用大头针固定右侧的缝份。

❼ 把拉链压脚装到机器上。对于大多数机器而言，拉链压脚有两边：确保针落到压脚的左侧。根据机器型号的不同，可能需要调整针的位置。

❽ 从拉链的底部开始用机器假缝，通过拉链带的中间位置向上一直缝到拉链的顶部。

❾ 将拉链翻转过来，以便看到正面，然后沿着拉链齿将服装折叠起来。这将在缝份处产生少量折叠，接近但不接触拉链齿。然后再轻轻地将这个折叠熨烫处固定。

❿ 调整针的位置，使其落到压脚的右侧。

⓫ 从拉链的右侧开始缝制，沿着折叠的地方从拉链的顶部开始一直缝到底部。缝制时只能穿过折叠部分和拉链带，而不能穿过服装。

⓬ 把服装翻到正面。使手针通过所有的服装层以确保拉链带固定到缝份的左侧。

⓭ 由拉链的顶部开始，从正面沿着缝纫线向下缝制，在拐角处调转缝纫方向，穿过拉链开口的底部缝到接缝处，接着倒缝以锁定缝纫线。

⓮ 小心地打开缝份并清除掉所有的假缝线。

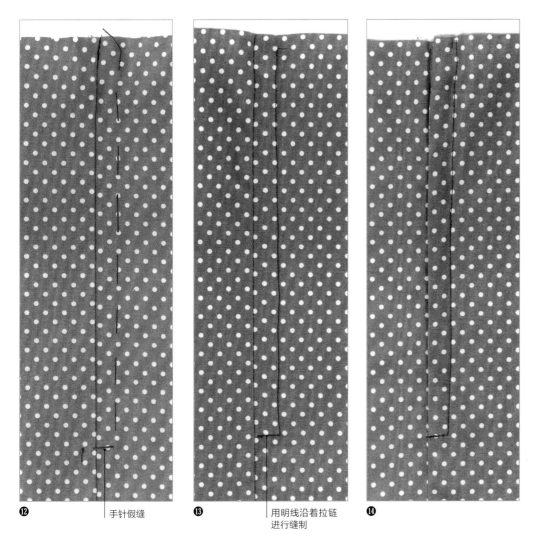

⑫　　　　　　　　　手针假缝　　　⑬　　　　　用明线沿着拉链
　　　　　　　　　　　　　　　　　　　　　　　进行缝制　　　⑭

试一试

如果拉链延伸到腰头，可以使用
这种技术获得更好的效果：请参阅第
140~142页，我们将在"带贴边的搭门
拉链"部分介绍如何完成拉链的顶部。

❶

黏合衬

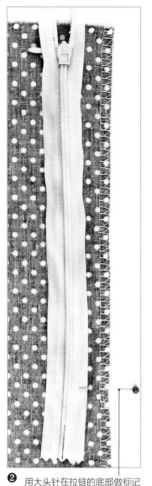

❷ 用大头针在拉链的底部做标记

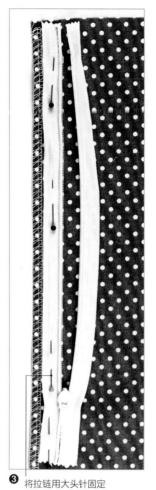

❸ 将拉链用大头针固定

❹

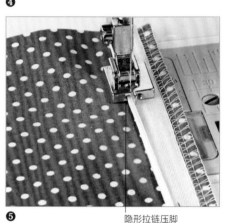

❺

隐形拉链压脚

隐形拉链

　　隐形拉链在很多商业生产的服装中都能找到，而且只有拉链是隐藏的，能看到的只有拉链头。嵌入这种类型拉链的最大不同之处在于，不是将其嵌入缝份的缝隙中，而是首先嵌入拉链，接着缝合缝份。

　　可以用普通的拉链压脚缝制隐形拉链，但为了获得最佳效果，需要为机器配备特殊的隐形拉链压脚。这有助于卷起拉链齿的线圈，使针可以缝入凹槽中。拉链缝制完成后，服装的正面不应看到任何的拉链带。

❶ 在要嵌入拉链的缝份处，沿着缝边贴一条非常轻的黏合衬，以便稳定开口，防止缝份在拉链缝入时发生翘曲或拉伸，如果服装是无衬里的，则最好在插入拉链之前，先修整好缝边。

❷ 将拉链沿着缝线放置，拉链头在顶部缝份的正下方。向下测量并用大头针将拉链开口的底部标记出来。因为无法正好缝到拉链的末端，所以拉链需要比开口长至少3/4英寸（2厘米）。

提示： 打开拉链，将拉链齿轻轻向后卷起，准备好拉链。用熨斗进行适当地熨烫。这有助于使拉链线圈稍微变平，使针能靠得更近。

两边都隐形的缝纫线

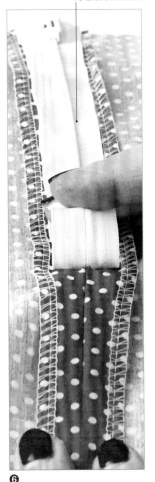

❻

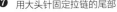
❼ 用大头针固定拉链的尾部

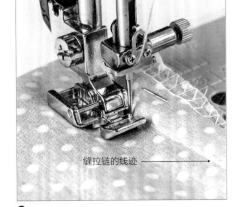

缝拉链的线迹

❽

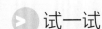

> ## 试一试

由于快缝到拉链底部时可能存在很大的阻力，所以只能将最后3/4英寸（2厘米）的拉链带缝进缝份。这样可以固定拉链的底部，并且可以消除在缝制拉链时遇到的阻力。

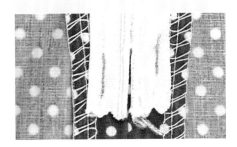

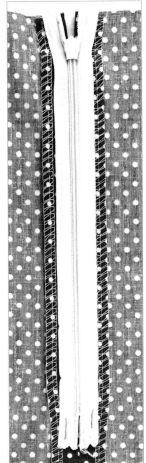
缝制好的隐形拉链：反面

❸ 打开拉链并将其正面朝下放在服装的左侧，并让拉链带的边缘与缝份毛边平行，保证拉链齿在缝合线上。用大头针固定。

❹ 确保拉链的右侧线圈位于隐形拉链压脚的右侧凹槽下方。先倒缝，接着缝制拉链，然后轻轻向后卷起拉链线圈。一直缝到与拉链开口的标记齐平的位置。

❺ 闭合拉链并将其沿着服装的另一侧排列，拉链带的左侧平行于缝份。缝合拉链的左侧，这次拉链线圈位于隐形拉链压脚的左侧凹槽中。

❻ 拉链缝制完以后，两个末端应该在同一水平线上，以固定拉链。

❼ 用大头针固定住缝份的剩余部分，确保拉链的末端在缝份之间能够被拉起和拉出，这样缝合缝份时拉链就不会挡道了。

❽ 换一个普通的拉链压脚，使机针位于压脚的右侧。从底摆开始缝制，并在超过线迹末端处多缝合几针以固定拉链。劈缝压烫后，将其翻转过来，并从正面进行蒸汽熨烫。

缝制好的隐形拉链：正面

带贴边的隐形拉链

无论是在领口还是腰部，隐形拉链的效果都非常好，但通常需要沿着顶部边缘才能完成。

完成边缘处的隐形拉链有几种方式，而贴边是其中一种常见的方式。在贴边处用机器缝制隐形拉链可以达到非常专业的效果。

❷   处理好的贴边边缘

❶ 隐形拉链

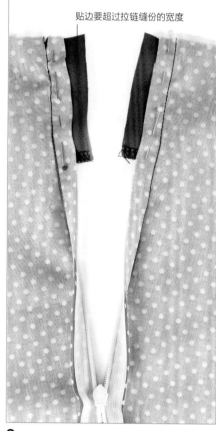

❸   贴边要超过拉链缝份的宽度

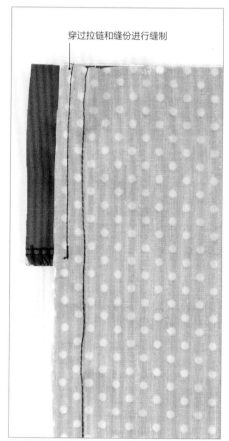

❹   穿过拉链和缝份进行缝制

❶ 先用普通的方法缝制一条隐形拉链。

❷ 无论是熨烫还是缝制，粘一层黏合衬来固定贴边的方法都是很好的。用锁边或之字形针迹处理贴边的可见边缘。

❸ 将贴边和服装的正面放在一起，将毛边沿着顶部和侧面或肩缝对齐。不要像最常见的方法那样先缝合上边缘再沿侧边缘缝合，而是先将贴边拉出拉链开口，然后向外拉伸出3/8英寸（1厘米）的距离。

❹ 使用普通的拉链压脚，沿着拉链带的中心，距离拉链约1/4英寸（6毫米），通过贴边并穿过所有的缝边进行缝纫。

❺ 将贴边拉离拉链，并将其熨烫平整。接下来是最有技巧的部分：

❻ 将贴边朝向服装向后折叠，使用拉链作为折叠的折痕。你应该看到两排缝纫线。现在，可以跨越顶部边缘缝合，确保一直缝到织物边缘以保持转角处清晰锐利。

❼ 如果需要的话，剪掉拐角处缝份并将其卡入上边缘的缝份处，以释放曲线中的张力。

❽ 翻转拐角，穿过贴边，通过所有缝边层，在距离缝边仅1/8英寸（3毫米）处压线。由于无法正好缝到边角处，只需要尽可能舒适即可。

❾ 给所有的部件进行熨烫，不要害怕用蒸汽按钮。

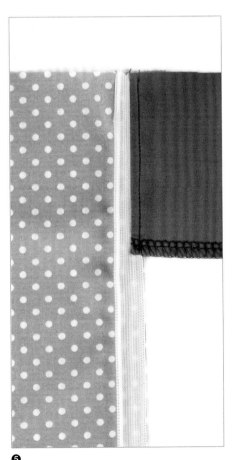

❺

针迹要通过顶部边缘

❻

❼

❽

❾

带贴边的搭门拉链

　　与 133~135 页所示的技术不同，这是一种装搭门拉链的不同方法，因为它在装拉链的过程中包含了制作贴边。而且后中开口使用的缝份比普通缝份宽 3/4 英寸（2 厘米）。这可以满足拉链的搭门要求。此外，还需要修剪缝份和贴边，以便更轻松地将所有部件合在一起。

❶ 用一层衬布来固定贴边，熨烫或缝合都可以。也可以在贴边反面的后中线处画线。

❷ 在服装的左片和右片上标记后中线。同时在距离缝线 3/4 英寸（2 厘米）处用点标记拉链的底部。从底边沿着后中缝一直缝到标记点。

❸ 修剪服装右片后中的缝份余量，使其距离后中线 1/2 英寸（1.2 厘米）。

❹ 将拉链的正面朝下，并固定到后中的缝边位置，以便拉链带的边缘与缝份的毛边齐平。

❺ 使用机器上的拉链压脚，沿着拉链带进行缝制，并通过拉链两侧的拉链止头。

❻ 修剪门贴边的后中边缘。在左片贴边上修剪缝份与后中线对齐，使其没有多余的缝纫余量。在右片贴边上修剪缝份，使其距离后中线 1/2 英寸（1.2 厘米）。

❼ 正面对正面，将贴边固定在拉链和后中的缝边处。沿着拉链的针迹线缝制贴边。

❽ 将贴边朝远离服装的方向进行折叠，并使针迹线穿过贴边和缝边（参见第 232 页）。

❾ 将服装左片的贴边向内折叠，并将后中线作为折叠线。沿着顶部边缘在适当的位置用大头针固定。

❿ 将服装右片的贴边向内折叠，使拉链作为折叠线。在顶部边缘余下部分的周围进行固定。

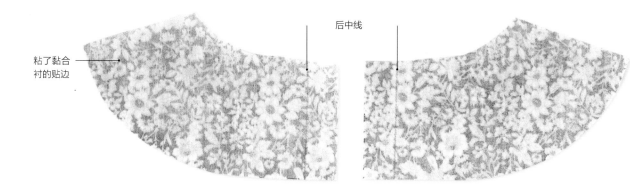

粘了黏合衬的贴边

后中线

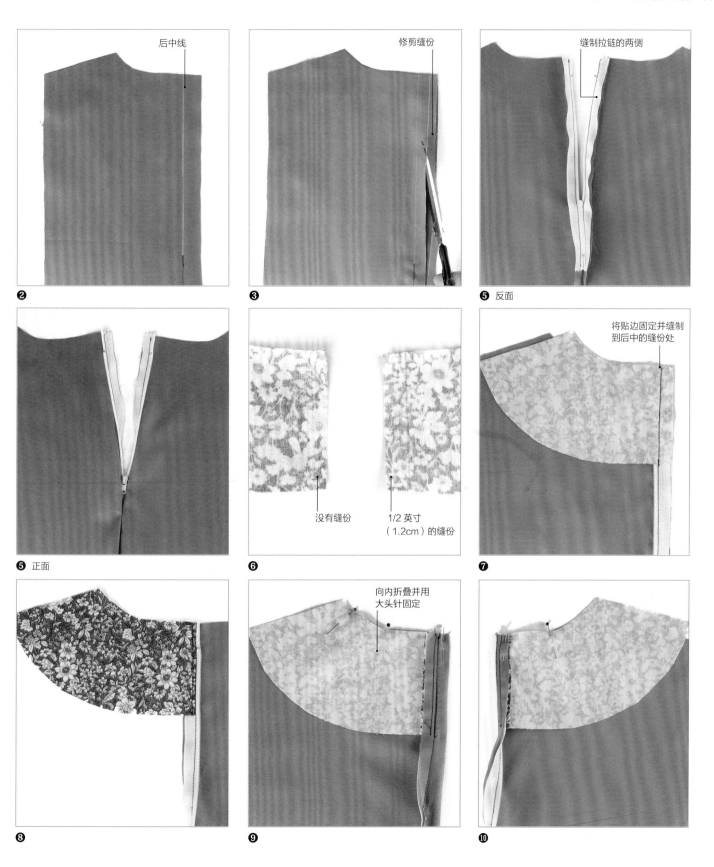

❷　后中线

❸　修剪缝份

❺　反面　缝制拉链的两侧

❺　正面

❻　没有缝份　1/2 英寸（1.2cm）的缝份

❼　将贴边固定并缝制到后中的缝份处

❽

❾　向内折叠并用大头针固定

❿

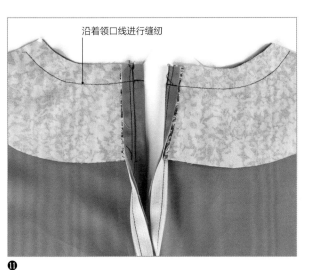

试一试

为了整洁美观，可以借助缝纫锤，将边角压平整。这样就可以在不需要熨烫的情况下，使面料平整。

⓫ 从有拉链的一侧缝到另一侧，要一直沿着服装的最顶边进行缝纫，在缝纫的起始位置倒回针，以加固缝纫线迹。

⓬ 修剪边角时，要确保不能太靠近线迹。在缝份上剪切口，但要小于1/4英寸（5毫米），从而让小的褶皱平整。

⓭ 将贴边的正面翻过来。从反面将看到拉链处在中心位置。这样就很完美！

⓮ 在服装正面靠近拉链带的地方，缝制明线。你可以看到它是如何自然地排列在搭门下的。

⓯ 沿着服装的左侧缝制明线，一直缝到拉链的底部，并穿过底部缝到后中缝，注意不要缝到拉链止口。

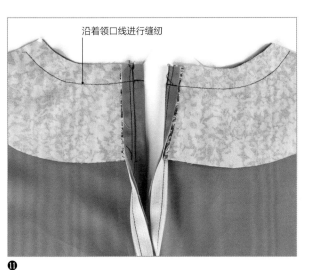

沿着领口线进行缝纫

⓫

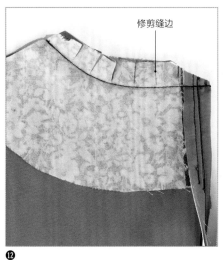

修剪缝边

⓬

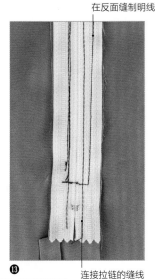

在反面缝制明线

连接拉链的缝线

⓭

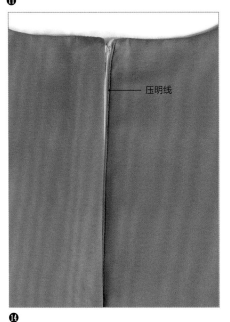

压明线

⓮

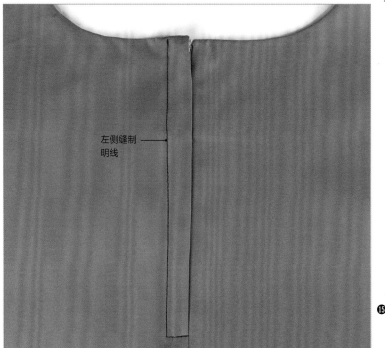

左侧缝制明线

⓯

带贴边的外露拉链

将外露的拉链用在裙子或上装当中会是一种非常有趣的细节设计。这种方法需要用到贴边，它将隐藏缝份和拉链带的毛边。

❶ 测量拉链的宽度和想要露出的量。测量方法A：将拉链齿位于线的中央，沿着拉链的长度从最顶端的止口位置一直量到最底端的止口位置。测量方法B：线B位于线A的两个端点处，将这些尺寸标记在服装上，这样就得到了一个矩形。

❷ 剪一小块熨烫好的黏合衬，将其折叠放在拉链的底端，并在适当的位置加以熨烫。这将有助于拉链的尾部闭合，从而便于后面的缝制。

❸ 将拉链带的顶部沿着对角线折叠并缝合。这样就能在缝制拉链的顶部时，固定住拉链带。

❹ 沿着步骤1的矩形的一侧进行缝制，经过拉链的底部，再在另外一侧进行缝制。

❺ 沿着两条缝线的中间位置剪开，一直剪到距离末端3/8英寸（1厘米）。然后朝着缝边角沿着对角线剪，但不要剪过缝纫线。这就产生了两条附着在拉链上的小缝边。

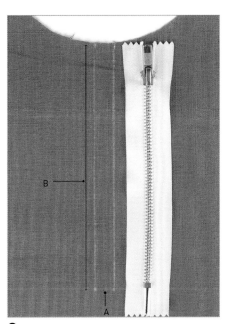

❶

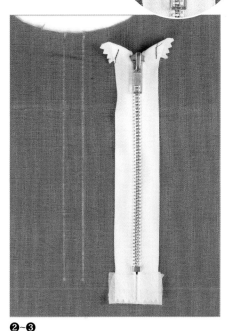

❷~❸

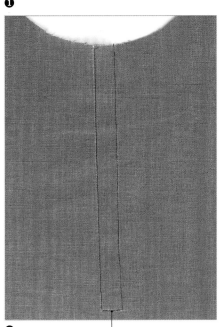

❹ 沿着拉链开口进行缝制

❺

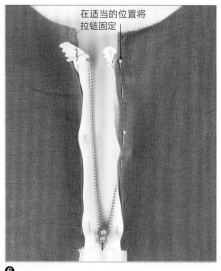

在适当的位置将拉链固定

❻

❼

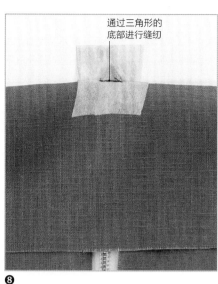

通过三角形的底部进行缝纫

❽

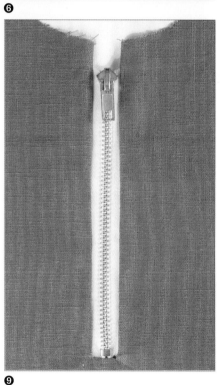

❾

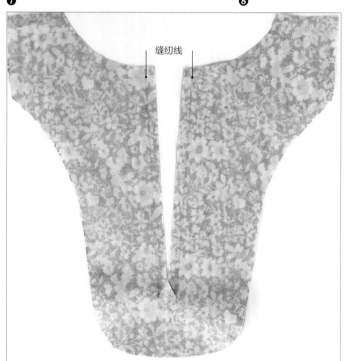

缝纫线

❿

❻ 正面相对，将服装的正面朝下放在拉链的正面上。用大头针在适当的位置进行固定，在第一排缝纫线迹上缝制拉链带（针迹见步骤4），将拉链顶部边缘折叠起来的部分移开。

❼ 将服装翻转过来，以便于其他的缝份能沿着拉链带对齐，在适当的位置用大头针加以固定，然后在第一条缝纫线的顶部再

次缝纫。

❽ 将服装对折，使拉链槽底部的小三角形翻转出来，然后在三角形的底部缝纫，即第一排缝纫线的顶部。

❾ 从正面进行仔细熨烫。

❿ 从步骤1开始采用相同的测量方法，将针迹线标记到贴边的反面上。按之前步骤5的方法，小心地剪到缝边角。

⓫ 将贴边的一侧与服装相对应的一侧放在一起，正面相对。这就意味着拉链放在服装和贴边之间。直接在第一排缝纫线的顶部进行缝制。

⓬ 在服装和贴边的另一侧进行同样的操作，然后按照步骤8缝制拉链的底部。一旦缝制结束，就将其熨烫平整。

拉链位于贴边和
服装之间

⓫

⓬

沿着领口线缝制

⓭

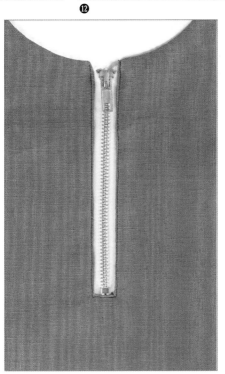

⓮ 缝制好的正面

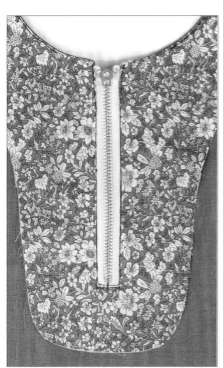

缝制好的反面

⓭ 将服装和贴边翻转过来，使其正面相对，然后沿着领口线进行缝制，确保能够在拉链的尾端翻转。

⓮ 再次翻转，使其反面相对，在拉链开口周围缝制，要求距离边缘仅 1/16 英寸（1.5 毫米）。

袖子

过去的几个世纪里，袖子呈现出了各种不同的形式，根据流行趋势和实用性，袖子一直在不断地轮回和改进。

早期的中世纪袖子常常是与服装的主干部分一体剪裁的，类似于今天的和服或蒙古族服装袖子。如今，袖子变得更加修身和合体了，并且是拼接在服装主干部分的一块独立的管状面料。随着裁剪和缝纫技巧的发展，袖子成为服装不可分割的一部分，并发展成了接在袖窿部位包裹胳膊的管状面料。

装袖

两片袖

插肩袖

衬衫袖

← 在后面的缝合处加以额外塑形的两片袖。

装袖 可以改变袖子的形状创造出荷叶边和褶裥，但是装袖的基本方法是一样的。

两片袖 这也是一种装袖，但是在后面的缝合处加以塑形以对应手臂的自然下垂。就像夹克一样，结构线越多的服装的舒适度和活动性就越好。

插肩袖 这种袖子从领口线到袖窿底有一条分割线，这种袖子可以是两片袖，沿着肩膀向下到袖口处有分割线，也可以是在肩部有弧形省道的一片袖。这对塑造更加随意的造型，比如运动衫或T恤来说非常有用。

衬衫袖 衬衫袖首先是缝在衣身上的。这能使接缝完成得更加平整和舒适。侧缝和腋下缝要一气呵成地缝制完成。

装袖

装袖，顾名思义就是将袖子装到袖窿上。袖子自身的形状和长度可能会有所不同，但是缝制的基本方法是一样的。

大部分的装袖，前片与后片相比只是有轻微的差异，这是为了留出运动松量，以便于在穿着过程中不会感到卡袖。前面和后面的区别在于剪口——通常是前面一个剪口，后面两个剪口。

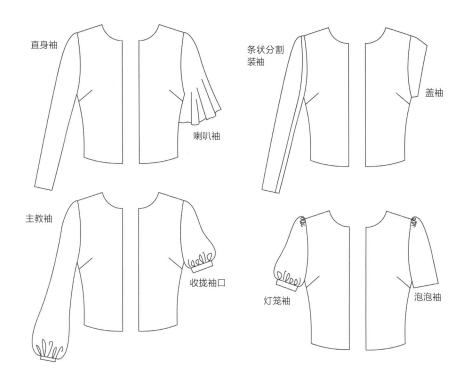

直身袖

喇叭袖

条状分割装袖

盖袖

主教袖

收拢袖口

灯笼袖

泡泡袖

直身袖　这种袖子应用在所有类型的服装中，看起来都非常棒。

喇叭袖　这种袖子应用在轻柔、飘逸的面料和夏天的裙子或晚礼服上效果非常好。

主教袖　这种袖子让衬衫或短上衣的廓型看起来非常的有趣。

收拢袖口　这种袖子应用在轻薄的面料上效果非常好，因为将褶皱应用在厚重的面料上看起来会非常的笨重。

条状分割装袖　这种袖子应用在强调结构设计、裁剪精致的夹克上效果最好。

盖袖　这种袖子应用在漂亮的裙子或上装上看起来非常可爱。

灯笼袖　这种袖子应用在童装上非常好，因为它可以给服装廓型增添柔软感。

泡泡袖　这种袖子可以有效地添加一些细节而不会看起来很奇怪。

> **试一试**

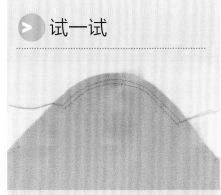

如果正在使用的面料很难缝合到袖窿正确的位置，请在缝份线下方缝一排宽松的疏缝线迹。这些线迹可以随后拆除掉。

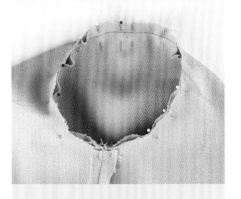

在袖山一周垂直固定大头针，大头针的头部要沿着面料的边缘。这样可以在缝制过程中更加容易地拆除掉大头针，而且在用手推送服装的过程中，不要因为大头针而扎到自己。

宽松的针迹

❶

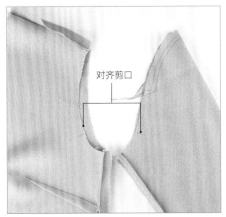

对齐剪口

❷

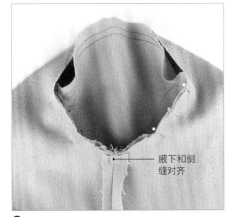

腋下和侧缝对齐

❸

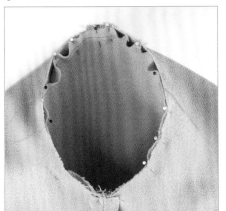

❹

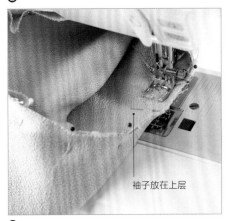

袖子放在上层

❺

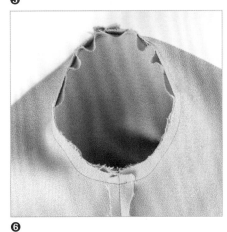

❻

怎样绱袖子

❶ 剪口之间的袖山要比袖窿的空间稍微大一点。这是为了留出运动松量。

为了帮助袖子适应袖窿，需要在缝份里面沿着袖山缝制一排宽松的针迹。然后轻轻地拉动线迹，使面料松弛以适应袖窿。

❷ 先将腋下缝进行缝合。然后再和衣身进行缝合，缝出袖窿。如果服装没有衬里，需要清理缝边。

❸ 将袖子和衣身的正面翻出来，将袖子放到袖窿上，将衣身上的侧缝和袖子上的腋下缝对齐。将单个前剪口和两个后剪口对齐，用大头针固定袖窿底部。

提示： 如果不确定哪个袖子匹配哪个袖窿，那么将面前的服装的正面掏出来，然后将每一只袖子放在相应的袖窿部位。寻找剪口。将侧缝和袖子的腋下缝份用大头针固定在一起。现在将衣身的里面掏出来的时候，就知道哪个袖子对应哪个袖窿了。

❹ 在袖山顶点处将袖山和衣身的肩线缝合起来，并用大头针进行固定。轻轻拉起松弛的线迹，使袖山适合袖窿。甚至可以用大头针将面料固定到位。

提示： 让袖山头在肩点的位置保持平整，是因为袖子上的布纹线使织物在这里不容易变形。由于袖山曲线这儿的面料松量，这里的布纹方向也更加灵活。

❺ 将服装放在缝纫机上，并使衣身在下面，袖子在上面。在里面沿着袖窿一圈进行缝制，以便观察袖山的哪个位置放了松量。

❻ 一直沿着袖窿进行缝制，当缝到起始位置时，进行重叠缝合，固定缝纫。

❼ 使缝份倒向袖子，进行熨烫，如果服装没有加衬里，可以对缝份进行清理。

两片袖

两片袖也是装袖的一种，所以绱袖的基本方法也是一样的。然而，有一些问题需要考虑。

如果站在一旁观察镜子，你会发现自己的手臂不是完全伸直的。放松的胳膊会呈现一条曲线。两片袖正是为了适应这条曲线。

这种袖子总是会存在一条腋下缝，就像其他的装袖一样，但是这种袖子还存在第二条缝线，沿着手臂的后部，通过肘部的自然弯曲形成袖子。传统的裁剪方法还会有第三条缝份，这样有助于塑造袖子的形状，但是在今天看来那已经是过去式了。

制作两片袖

❶ 正面相对，用大头针沿着外边缘的缝份将袖子的上部和下部固定在一起。拉伸剪口之间的袖子下，使其适应上部的袖子。均匀地分配松量。从袖子的下部开始缝制，以确保在缝制的过程中没有褶皱。

提示： 找到每一层的中心点对齐，使松量分配均匀，并用大头针加以固定。现在找到剩余部分的中心，同样将它们对齐。以此方法可以将区域两等分或者四等分，然后均匀地分配松量。

❷ 固定并缝制腋下缝，将袖子放动到袖烫垫或熨袖板上，劈缝压烫。

❸ 沿着袖山在标记线之间缝制两排宽松的疏缝线迹。确保其中一条在缝份线的上面，另外一条在缝份线的下面。在缝份线下面的那一条线迹将会被拆掉。

❹ 将袖子装到服装上，并匹配好标记点。

❺ 用大头针将剩下的袖子在合适的位置进行固定（a），并轻轻地拉动松弛的疏缝线迹（b）。将线缠绕在8字形的大头针上，从而让线脱落。

❻ 从袖窿底点开始，将服装和袖子放在机器下，让袖子在上面。在里面沿着袖窿缝制一圈，注意袖山和松弛的疏缝线迹。

❼ 拆掉可见的松弛的疏缝线迹，使缝份倒向袖子并进行熨烫。

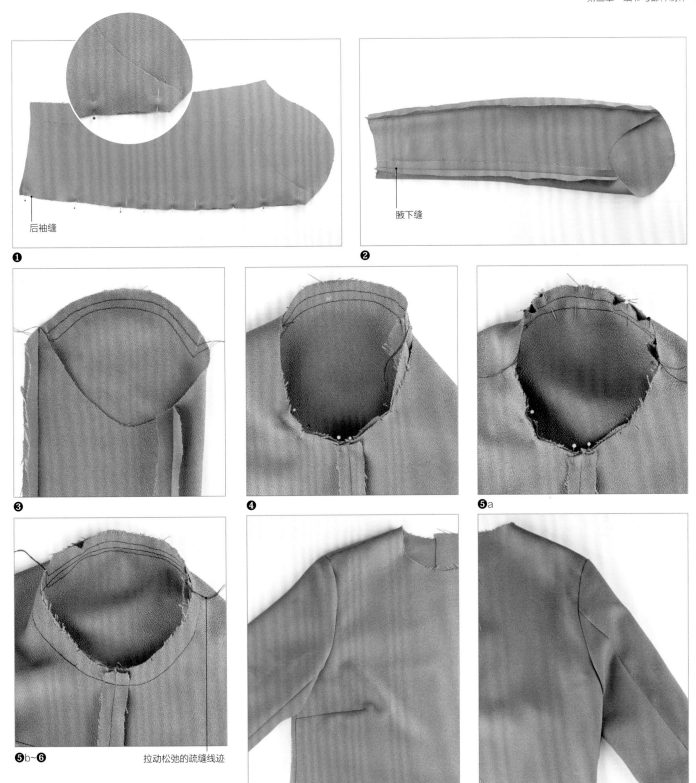

后袖缝

❶

胺下缝

❷

❸

❹

❺a

❺b~❻　　　拉动松弛的疏缝线迹

正面

反面

插肩袖

插肩袖（Raglan Sleeve）以拉格伦勋爵（Lord Raglan）的名字命名，他在滑铁卢战役中受伤后失去了他的手臂。在他受伤康复期间，他的裁缝设计了一种方法，通过创造延伸到外套领口部分的袖子使他穿服装更加地容易。由于给出了更多的空间去活动胳膊，因此穿服装更加地容易。

由于他设计的这种袖子使运动更加地灵活，大量实用服装上都采用此款式，特别是在乡村风格的服装中。将这种袖子设计运用在一些更加随意休闲的服装上面，比如 T 恤或毛衣，效果也非常好。

在所有的袖子当中，正面会被标记一个剪口，反面会被标记两个剪口。这些剪口与服装衣身上的剪口相对应。

❶ 先缝合衣身的侧缝，再去缝合袖子（a）。如果正在缝制两片袖，先要缝制肩线和腋下缝（b）。如果做的是一片袖，那就先缝合省道，然后在布馒头上小心地进行熨烫，以维持它的曲度（c）。然后缝合腋下缝份。

❷ 正面相对，对齐袖子的腋下缝和衣身的侧缝。从袖子的一侧用大头针将衣片固定在一起，因为这是将缝制的一侧。

❸ 沿着袖窿弯曲袖子，使正面和后面的剪口对齐，并确保缝边在一条水平线上。用大头针固定，并将针头悬挂在面料的边缘上。

❹ 将服装放在缝纫机的压脚下，并使袖子放在上层。这样就能看到袖子是如何缝到服装上的。

❺ 从领口线处开始缝制，然后沿着袖窿弧线缝回到领口线。确保缝纫的起止点缝合固牢。

❻ 如果服装没有加衬里的话，可以对缝份进行清理，然后根据纸样说明完成领口。

 试一试

为了避免缝到下面的衣身部分，每隔几英寸就提一提缝纫部分，检查服装是否放置平整。用手指也能感觉出是否有东西夹在了缝合处。

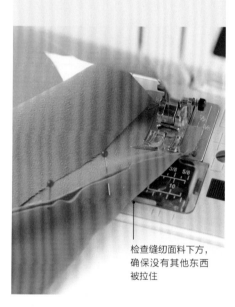

检查缝纫面料下方，确保没有其他东西被拉住

 试一试

袖子的曲线可能会和袖窿的形状不符合——一条凸起的曲线缝合在凹陷的曲线上。或者可以把它看作是"快乐"曲线或是"伤心"曲线。无论哪种方式，都可以用大拇指滚动面料层，将袖子轻轻地放到袖窿上，以帮助两层面料一起弯曲。

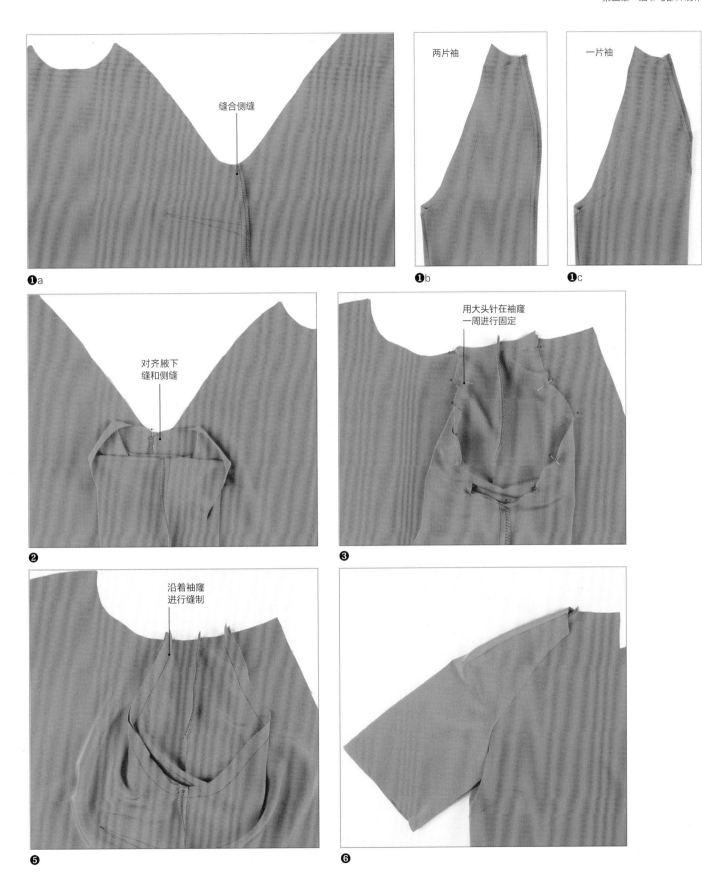

两片袖

一片袖

缝合侧缝

❶a

❶b

❶c

对齐腋下
缝和侧缝

❷

用大头针在袖窿
一周进行固定

❸

沿着袖窿
进行缝制

❺

❻

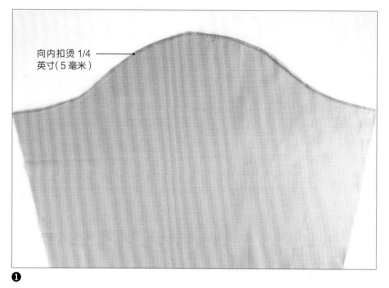

向内扣烫 1/4
英寸（5毫米）

❶

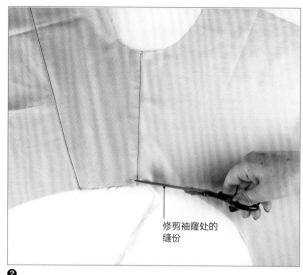

修剪袖窿处的
缝份

❷

衬衫袖

在袖子被缝合之前，衬衫袖通常会被缝到衬衫的衣身上。这使得连接到服装上的袖子缝份以平接缝的形式进行缝合，从而将所有的毛边隐藏在缝份内。由于袖窿部位是一个特殊的受力区域，因此这个地方的缝份要被缝合两次，这样会使得缝份更加的牢固。

在所有的袖子中，前袖片会被标记一个剪口，后袖片会被标记两个剪口。这些剪口要和衣身上的剪口相对应。

❶ 将袖子右侧的最上端压烫1/4英寸（5毫米）以内，沿着袖山压烫到反面。

❷ 在服装上，距袖窿1/4英寸（5毫米）进行缝份修剪。

❸ 在服装上对准袖山和肩缝的标记点。正面相对，在适当的位置用大头针固定，折叠好以后，压烫袖子的边缘，使其与服装的毛边对齐。

❹ 使袖子的边缘和服装的边缘对齐。袖子的边角会悬在服装的边缘，以使缝线能够对齐。在袖子末端的适当位置用大头针进行固定，并对齐标记点，继续在适当的位置将剩下的袖子进行固定。

❺ 用3/8英寸（1厘米）的缝份缝制缝线，

在接缝的起止点固定缝线。

❻ 将服装缝边修剪至少1/6英寸（2毫米），这样毛边恰好位于袖山的折叠下压边缘的下方。

提示：如果缝制完袖山头，发现有轻微起皱或凹陷，可用熨斗在缝合处将缝份熨烫平整。使用熨斗的前端作为引导，接着滑动大约一半的熨斗底板，对袖山进行熨烫。

❼ 使缝份倒向服装，远离袖子进行压烫。用大头针固定熨烫好的袖山的下边缘，修剪好缝份以整理毛边。

❽ 缝制边缝，保证缝份量。

❾ 正面相对，对准袖窿缝份，并在适当的位置进行固定。使底边和手腕处分别对齐，同样用大头针进行固定。沿着缝纫线用大头针进行固定。

试一试

在衬衫上缝制平接缝时，从底边向上开始缝制侧缝。当穿过袖窿缝后，沿着袖子向下进行缝制，逐渐将袖子成型，这样可以保证缝纫时所有部件平整。

❿ 从侧边底边向上缝制，穿过袖窿处的缝份，一直缝到手腕处。完成平接缝的步骤（请参见第93页）。

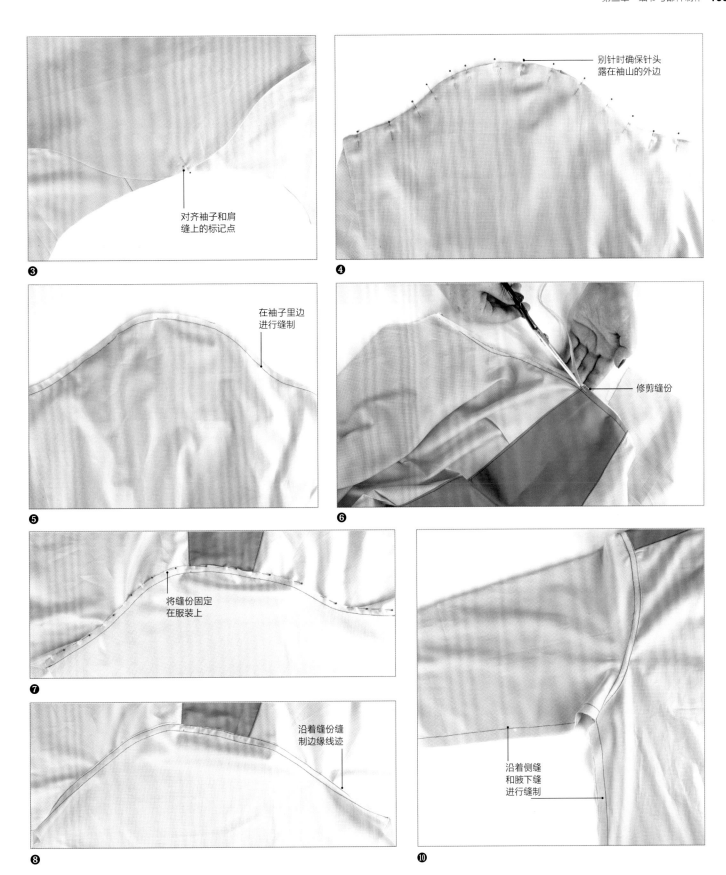

对齐袖子和肩
缝上的标记点

❸

别针时确保针头
露在袖山的外边

❹

在袖子里边
进行缝制

❺

修剪缝份

❻

将缝份固定
在服装上

❼

沿着缝份缝
制边缘线迹

❽

沿着侧缝
和腋下缝
进行缝制

❿

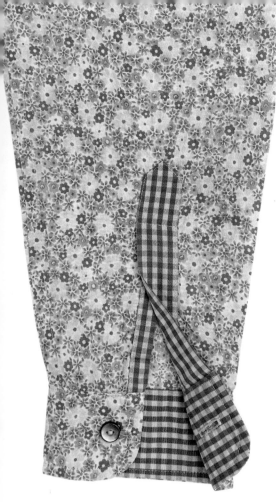

将比较大的面料用在袖子开口处
可以展示细节设计。

袖克夫

袖克夫就像句子结尾处的句号——它们给了服装最后的标点。它们可以完全改变衬衫外观的特定设计特征，也可以以一种精巧方式简单地完成服装，从而避免被注意到。

衬衫袖克夫

一个普通的衬衫袖克夫有时也被称为单层袖克夫，在手腕处环绕并重叠，重叠部分用纽扣紧固，虽然选择的紧固件完全取决于自己：例如，一个按扣也可以。

衬衫袖克夫有两片，外层袖克夫和里层袖克夫。在制作袖克夫和将袖克夫装到袖子上之前，需要给外层袖克夫加黏合衬。里层袖克夫不需要加衬。

❶ 正面相对，用大头针将外层的袖克夫固定到袖子上。确保袖口上的袖衩（参见第114~115页）沿着袖口缝线定位，以确保从袖子到袖口处的线条平滑。

❷ 沿着缝份线进行缝制，在接缝的起止点固定缝线。

❸ 使缝份倒向袖克夫进行压烫。

❹ 沿着内侧袖口的直边，翻到反面使其略小于缝边，进行压烫。

❺ 正面相对，沿着弯曲的外侧边缘，将内侧的袖克夫和外侧的袖克夫固定到一起，确保内侧袖口的下压边缘位于之前的缝合线之上，以确保当袖口正面朝外时，它将覆盖缝合线。

❻ 沿着袖克夫的外侧边缘进行缝制，确保缝合的起始部位与袖子开衩处一致。

❼ 修剪缝边角，将袖子的正面翻出来。

❽ 拉动缝边使其位于袖克夫的边缘，并在适当的位置进行压烫。

❾ 沿着开口边缘，用大头针固定内侧的袖克夫，与缝纫线呈直角。确保针头远离缝纫区域，以便从正面进行缝制。

❿ 沿着袖克夫正面缉明线，在大头针下方和重叠处小心缝合。当回到缝合的起始部位时，重叠针迹，紧固缝纫。

⓫ 使用足够多的蒸汽来压烫袖克夫。标记并缝制扣眼（参见120~124页）。

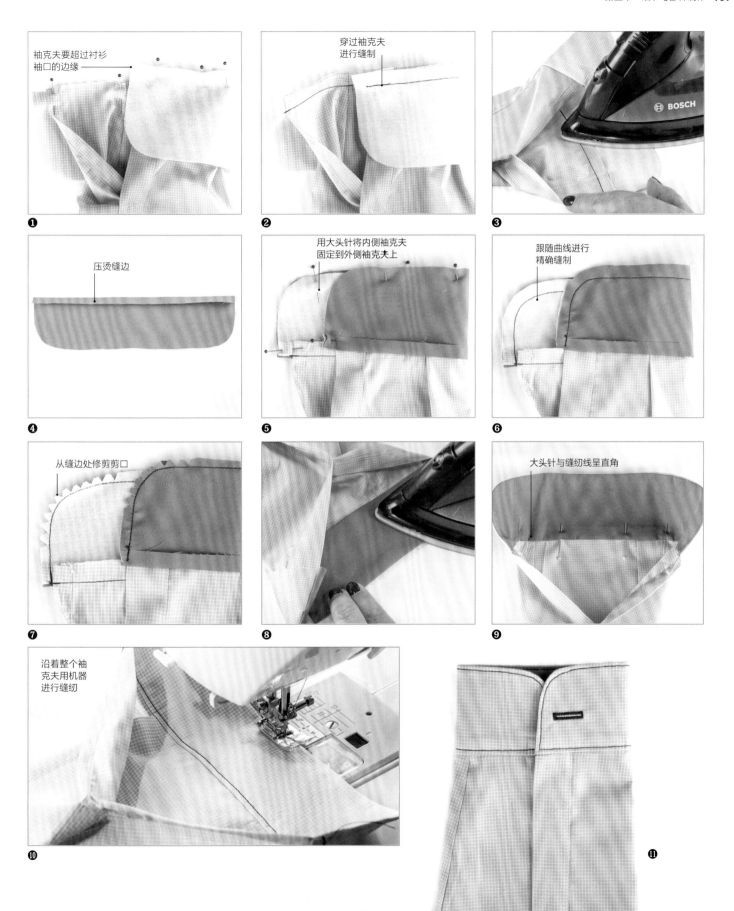

❶ 袖克夫要超过衬衫
袖口的边缘

❷ 穿过袖克夫
进行缝制

❸

❹ 压烫缝边

❺ 用大头针将内侧袖克夫
固定到外侧袖克夫上

❻ 跟随曲线进行
精确缝制

❼ 从缝边处修剪剪口

❽

❾ 大头针与缝纫线呈直角

❿ 沿着整个袖
克夫用机器
进行缝纫

⓫

法式袖克夫

　　法式袖克夫，有时也被称为是双层袖克夫，是衬衫袖克夫的一种外延形式。这种袖克夫的宽度是衬衫袖克夫的两倍，再加上 1/4 英寸（5 毫米）。这额外的 1/4 英寸（5 毫米）非常的重要，因为它给出了面料折叠的厚度，或"弯曲松度"—— 在翻转或折叠的织物上弯曲时需要的少量额外织物。

　　和衬衫袖类似，法式袖克夫有两层——外层袖克夫和内层袖克夫。在缝制袖克夫和将其装到袖子上之前，外层袖克夫需要添加黏合衬，而内层袖克夫则不需要。

❶ 正面相对，将内层袖克夫用大头针固定到袖子上。衬衫袖克夫的重叠部分是便于紧固部件扣紧的，但法式袖克夫是平整

的，因此扣眼是相互重叠的。这意味着，为了防止袖衩扭曲（见第 114~115 页），袖衩较薄的一侧应先折叠，然后再与袖口缝合线对齐。

提示： 当袖衩折叠后，包覆手腕部分的可用面料将更少。因此事先对手腕进行测量是很有必要的。

❷ 沿着外层袖克夫的底边缝份进行压烫。

❸ 正面相对，用大头针将外层袖克夫和内层袖克夫固定到一起。

❹ 现在可以按照衬衫袖克夫的缝制方法的步骤 5 开始，完成法式袖克夫的缝制。

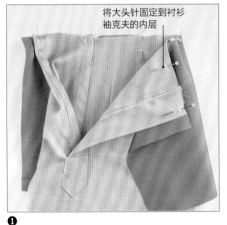

将大头针固定到衬衫袖克夫的内层

❶

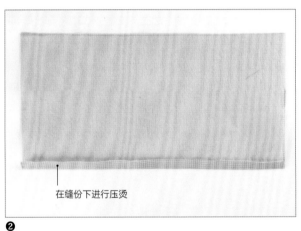

在缝份下进行压烫

❷

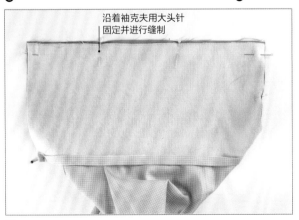

沿着袖克夫用大头针固定并进行缝制

❸

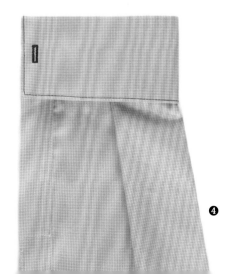

❹

领子

目前知道的领子形状从 20 世纪初才真正出现。在此之前，它们是独立于服装之外的部分，并且可以是能想象得到的任何形状：从完全不切实际的巨大的多褶皱的拉夫领到小而整洁的尼赫鲁衣领，时尚已经见证了这一切。

从第一次世界大战开始，领子才成为服装的一部分，而且很常见。士兵开始穿带有柔软领子的衬衫作为制服的一部分。战争结束后，人们发现这样的领子更为舒适，尽管企业花了一段时间才跟上时尚步伐。

衬衫领乍一看技术含量很高，但是一旦理解了它的构成以后，就非常简单。领子的翻领连接到领座上，领座连接到服装上。领座与位于衬衫前中的纽扣座需要在同一条线上。有很多不同形状和款式的领子，但是从缝制和结构的角度来讲，主要有四种。

这款开关领上对比强烈的挂面给领子的造型增添了细节。

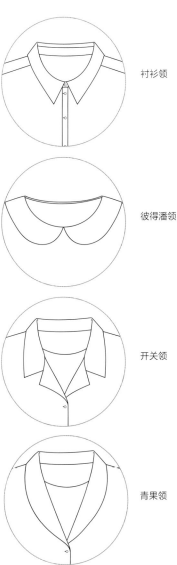

衬衫领

彼得潘领

开关领

青果领

衬衫领　传统的两片衬衫领，有独立的纽扣座，很有技术性，但是当做好以后就会很有成就感。

彼得潘领　这种领子很扁平，后颈的地方没有领座，直接贴在衣身上。造型效果非常好。

开关领　这种领子在后颈处有领座，当领子打开时，领子就会垂在前部产生翻折效果。也可以在颈部将领子扣起来，创造出更加柔和的衬衫领效果。

青果领　这种领子离颈部很近，有很柔和的造型效果，领子的外边缘除了传统的曲线造型外，可以是任何形状。

衬衫领

缝制衬衫领的方法就和领子的款式一样多，但是这种方法比较简单，而且可以得到不错的效果。这里有些技巧，也可以试一试。

缝制领子

❶ 两片领子都需要黏合衬，从而给领子一定的硬挺度。修剪黏合衬，使其一周稍微小于领片，然后将其粘在面料的反面，按照制造商的说明进行操作。将纸样上的所有标记转移到面料上（见第62~63页）。

❷ 将各个部分重叠放置，并从下方领口的每个短端上修剪1/6英寸（3毫米）。将两个领子外边缘上的中心点对齐，然后松开下方以适应翻领，并用大头针进行固定。

❸ 从中心点缝到边缘，轻柔地伸展，并松开领座。然后再从中心开始缝到另一侧。

提示： 如果领口的剩余部分太紧以至于不贴合衣领，则可在服装的缝份处留出几条小剪口以释放曲线中的张力，并让领口顺利地贴合衣领。

❹ 向下修剪缝份1/8英寸（3毫米），并进行劈缝压烫。

❺ 这是我从专业衬衫制造商那里学到的一个技巧，我很喜欢。取一段双倍长度的线。将它放在缝份的缝中，将线圈悬在一端。

❻ 将衣领折过来，正面相对，以便缝份处的线迹仍然紧密，然后沿着衣领的一个短端进行缝制。用非常小的针距开始缝制，

一旦缝合到3/4英寸（2厘米），调回到正常的针距，并一直缝到结束。

❼ 将缝边修剪到1/8英寸（3毫米），并对缝边角进行修剪——但是不要修剪线圈。在进行修剪之前，将线完好地移开。对衣领的另一个短端重复此过程。

❽ 打开衣领并抓住线头的两端。将衣领的正面翻出来，并继续把缝边角拉出来。一直拉不要停。

❾ 一旦缝边角良好和尖锐（在这里不需要额外的车工）只需拉一根线就可以将线迹完全拉出来了。

❿ 对领子进行压烫，并在领围边缘缉一圈明线。

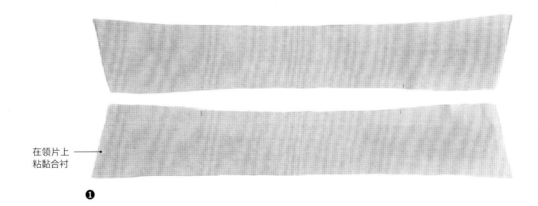

在领片上
粘黏合衬

❶

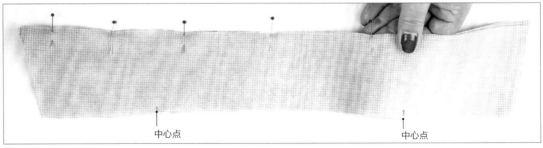

中心点　　　　　　　　　　　　　　中心点

❷

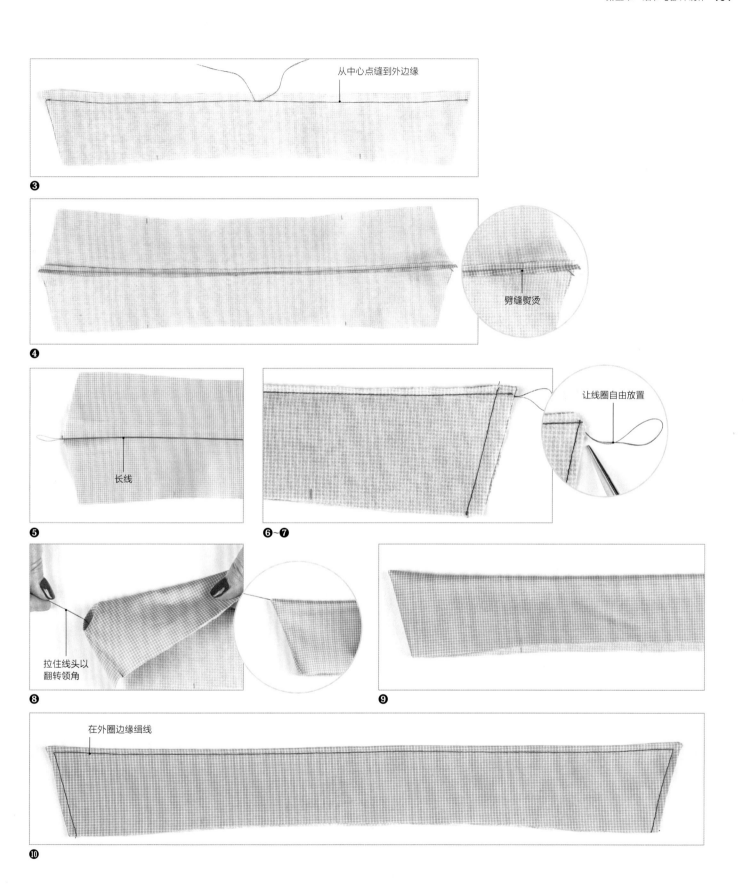

从中心点缝到外边缘

❸

劈缝熨烫

❹

长线

让线圈自由放置

❺

❻~❼

拉住线头以
翻转领角

❽

❾

在外圈边缘缉线

❿

带黏合衬的外领座

内领座

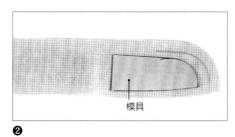

模具

❶ ❷

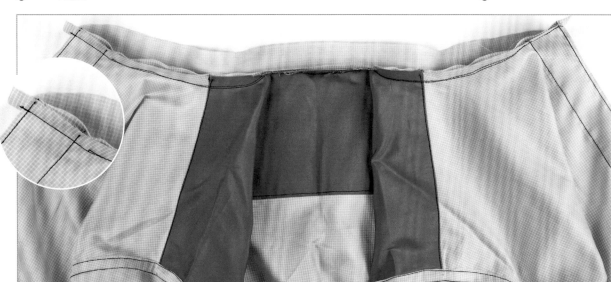

外领座与领口线
相连，衬衫的前
边缘与领座的缝
份位置对齐

❸

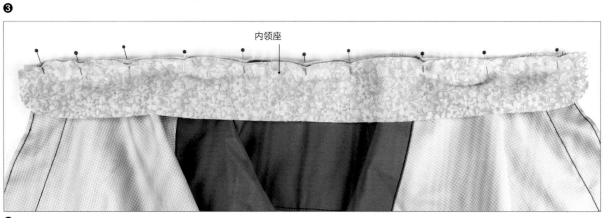

内领座

❹

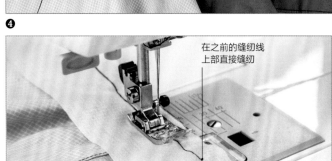

在之前的缝纫线
上部直接缝纫

修剪缝份

❺ ❻

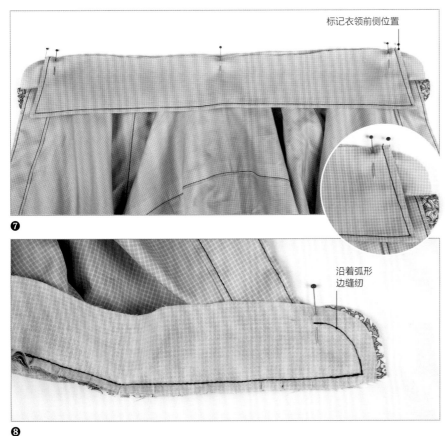

标记衣领前侧位置

❼

沿着弧形
边缝纫

❽

在缝份上剪口

❾

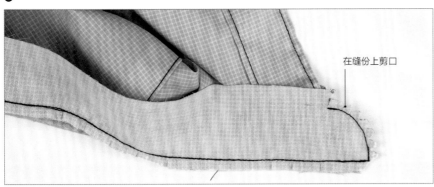

❿

连接领座

在开始之前，先在衣服的领口处缝一圈。

❶ 只有外领座需要粘黏合衬。和之前一样，小心地把黏合衬修剪得比领座稍小一点，然后根据使用说明把它粘在外领座的反面。

❷ 在领座弧形边做一个卡纸模板（或模具），根据模板在黏合衬上画出曲线形状。有助于缝纫时曲线顺滑。

❸ 将外领座（有黏合衬的领片）正面与衣身正面相对，用大头针在后中心线处固定。将剪口对齐，确保衬衫前边缘与领座弧形末端缝线一致，沿领口线缝纫。

❹ 将内领座（无黏合衬的一面）正面与衣身反面相对，用大头针在后中心线处固定。轻轻地将内领座向弧形侧向外拉伸，使其比外领座多出约 1/8 英寸（3 毫米）。边拉边用大头针固定。

❺ 从正面开始，在第 3 步中缝好的缝线上，从纽扣门襟的一边缝到另一边；不要缝进领座缝份里。

❻ 将领口线缝份修剪到 1/8 英寸（3 毫米）。

❼ 沿外领座用大头针把已经做好的领子别好，保证后中心线对齐，并用大头针在外领座上标出领子开始位置。移开衣领。

❽ 沿着领座弧形边缝纫，直到标记领子位置的大头针处。

❾ 沿领子弧形将缝份修剪到 1/8 英寸（3 毫米），但不要超过线迹。剪出一些小 v 字形，确保缝份在领座里平坦服帖。

❿ 把领座翻过来，并从衣服上拉开，熨烫定型弧形边，但使未缝合的缝份保持突出。

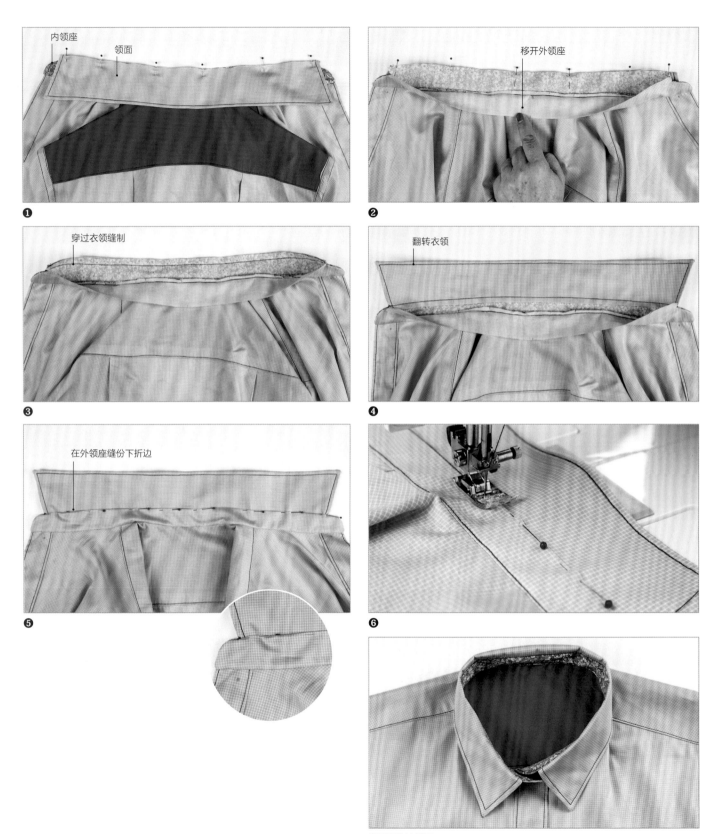

❶　内领座　领面

❷　移开外领座

❸　穿过衣领缝制

❹　翻转衣领

❺　在外领座缝份下折边

❻

缝制好的衬衫领

装领子

❶ 让服装的反面朝向自己，将领子放在内领座上，使上衣领面放在最上面。

❷ 对齐内领座和领面底部的后中部位，并用大头针固定在一起。将衣领的两端与突出缝份的两端对齐，然后将衣领的剩余部分固定到领座上。把上衣领移开，不要把两层缝到一起。

❸ 将领座放在最上面，以便可以将之前的线迹缝合在一起，穿过领座缝到衣领上，确保不会超出领座上的缝迹线。

❹ 在领座内侧将衣领缝份向下翻转，并将其修剪至1/8英寸（3毫米）。

❺ 在外领座上，沿上边缘压烫缝份。将缝份宽度修剪一半，然后将其固定到衣领下面。

提示： 使用少量的面料胶水将内领座固定到衣领上。如果愿意的话，也可以保持老派的作风进行假缝，这也很快很容易。

---

❻ 围绕领座缝制明线。从领子下方的中心开始，因为这是最不容易看到的区域。一路缝到开始的地方。你将闭合由外领座留下来的开口。

　　这不是固定衣领最便捷的方法，但它制作出的效果是最好的。

两片式的衬衫领是很有技术性的，但是你把它做好的话会给人留下很深的印象。

彼得潘领

彼得潘领可能是最容易缝制的领子。它是一种弧形的、造型漂亮的领子，平放在领口处，可以为连衣裙或衬衫提供非常整洁漂亮的装饰。正如你可能猜到的，它的名字来源于 1905 年在百老汇首次展出的彼得潘的作品中，莫德亚当斯扮演的彼得，她的服装以这种风格为特色。它仅仅由两片组成——一片领面和一片底领。

❶ 领面需要粘黏合衬，从而给领子一定的硬挺度。修剪黏合衬，使其稍微小于领片一周，然后将它粘在面料的反面，按照制造商的指示说明进行操作。将纸样上的所有标记全部转移到面料上（参见第62~63页）。

❷ 将两个领片正面相对，并沿着外部边缘进行缝制。

❸ 修剪掉1/4英寸（5毫米）的缝份，然后沿着外领圈一周打 V 字形小剪口。这样会让领子服帖。

提示： 在彼得潘领上适当地打剪口非常重要。只有这样做，才能得到线条圆顺的领子，所以要确保剪口足够密集。将领子翻过来进行检查，接着将其压烫平整，如果有需要的话再另外打剪口。

❹ 如果领子没有特别小（比如婴幼儿的领子），就可以穿过底领和缝份进行缝纫（参见第232页）。这将确保领面稍微卷曲，使其容易压烫。

❺ 用蒸汽将领子压烫平整，确保曲边平滑。

❻ 将领子上的圆点或小三角与服装的肩缝对齐。使所有的剪口对齐，并确保领子的前边缘位于前中心线上。在适当的位置用大头针将领子固定。

提示： 请记住衣领的前边缘是有角度的，因此衣领上的缝线需要位于前中心线或前中心点上。

❼ 沿着领口线进行缝制，在缝纫开始和结束的部位进行倒缝，以确保衣领固定到位。

　　加挂面完成衣领（参见第170~171页）。

蕾丝饰边勾勒并强调出这款漂亮的彼得潘领子造型。

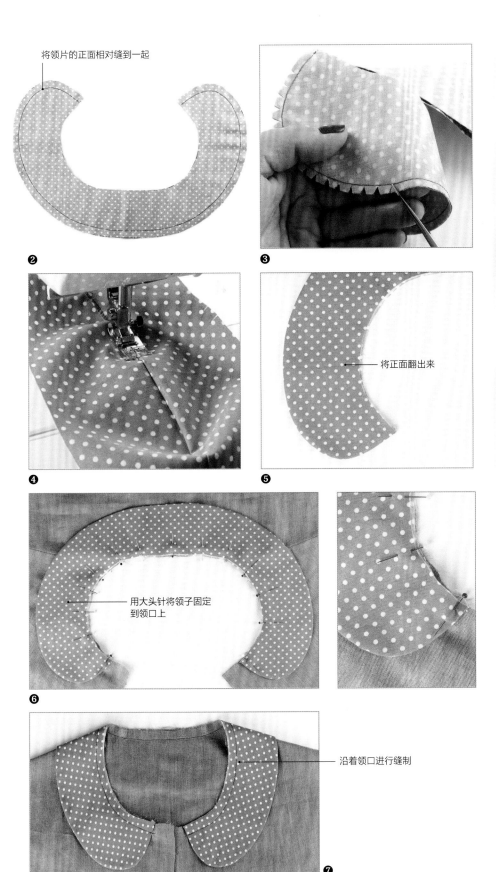

将领片的正面相对缝到一起

❷

❸

❹

❺

将正面翻出来

❻

用大头针将领子固定
到领口上

沿着领口进行缝制

❼

> **试一试**

为了正确缝制领子形状,可以做一个模具,将领子纸样拓印到卡纸上,然后画出缝份。修剪缝份,在画线的内部进行修剪,这样就可以修剪掉比缝份多的部分。

将卡纸插入领子,使卡纸位于缝份处,并进行压烫。这样可以阻止缝份的突出部分压入领面的领口并对其进行标记,也会使面料位于所需的弯曲形状中。

翻领

　　这是另外一种衬衫领，经常被用在衬衫和连衣裙上。将其应用在男士休闲衬衫上的效果也很好，能呈现出一种复古的风格。

　　翻领是通过折向背面的前贴边来保持翻领平整。在穿着的时候它既可以关上也可以打开，因此称为"翻领"。这种领子有的有后领贴边，有的没有。

　　根据纸样，这种领子通常有一个翻领和一个底领。底领会稍微小于翻领。这使得底领可以稍微向下拉拽缝边，使缝线处有一个干净的卷边。为了让领子能够翻折并且更加服帖，有时底领需要剪成两个样片。

试一试

　　如果纸样中只有一个领子样片，可以将其看作是底领，并以此为基础将两个短边和外边各修剪掉1/8英寸（3毫米）。

❶ 翻领和底领两个领片和贴边都需要粘黏合衬来增加领子的硬挺度。修剪黏合衬，使其一周稍微小于领子和贴边样片，然后按照制造商的使用说明将其粘在面料反面。将纸样上的所有标记转移到面料样片上（参见第62~63页）。

❷ 将正面相对，使翻领和底领的长边中心对齐。从中心点向外缝到一端，轻轻拉伸或者放松底领以适合翻领（a）。然后再从中心点开始，缝制到另一端。底领需要充分伸展，以确保翻领和底领的短边在同一水平线上（b）。

❸ 将缝份修剪到正好5毫米，并使缝份倒向底领进行压烫。

❹ 穿过底领和缝份暗缝（参见第232页）。

❺ 折叠领子使其正面相对，沿短边缘进行缝纫。修剪缝份角，并将正面翻出来，蒸汽压烫使领子平整。

提示： 也可以使用衬衫领制作中描述的方法来得到整洁的领子缝份角（参见第160~161页）。

❻ 仅在翻领毛样领口边的每一侧，沿缝份修剪纸样直至标记点处。这些圆点表示肩线接缝位置，通过圆点可以使后颈部分与领子的其他部分分开，单独处理。确保该位置大小精确非常重要，因为稍微大一点的剪口就意味着以后领子在该位置将会有一个洞。

❼ 穿过两层领片，从一端用机缝假缝或手缝缝到修剪处，但是不要通过剪口之间的中间部分。

❽ 保持在缝份线内侧沿着服装领口线一周进行缝制。

❾ 将领子放在服装上，对齐后中心线，并确保底领紧邻服装。对齐剪口并确保翻领的圆点剪口和服装上的肩线拼缝位置一致。提起翻领的中心部分，并用大头针将其固定到服装上。

提示： 为了使领子更好地贴合领口线，需要在服装后颈缝份内打一些小剪口。这可以在曲线上释放张力，使领口线更好地适应领子。

❿ 通过领口线进行缝制，确保没有缝到翻领的缝份，但是足够靠近肩点，这样翻领上就不会有洞。

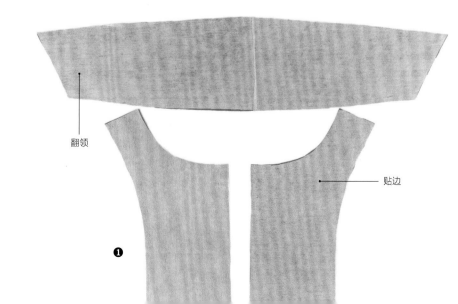

翻领

贴边

❶

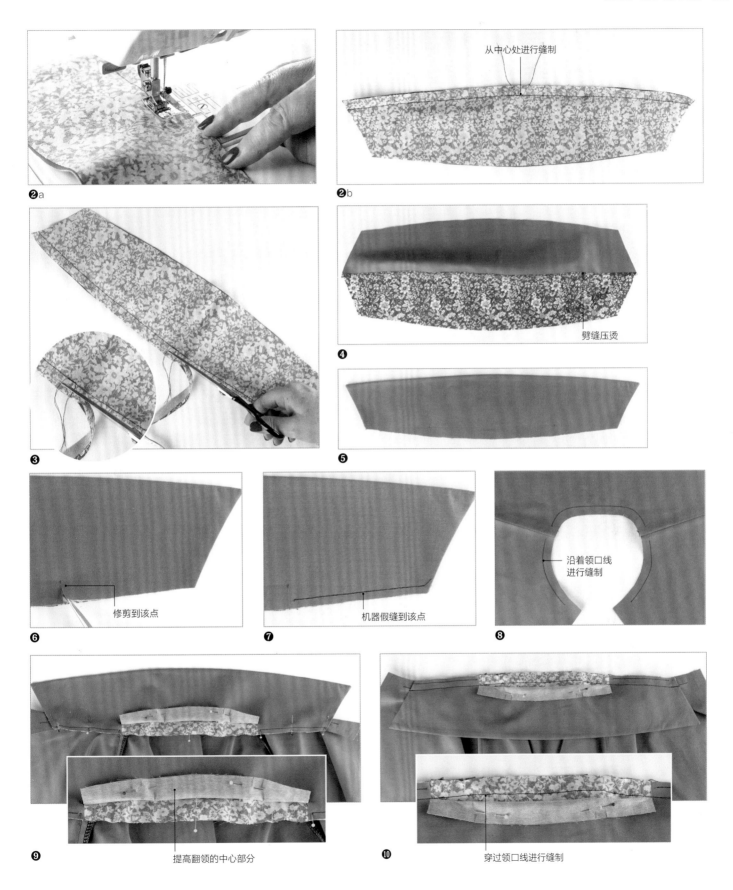

❷a

从中心处进行缝制

❷b

❸

劈缝压烫

❹

❺

修剪到该点

❻

机器假缝到该点

❼

沿着领口线
进行缝制

❽

提高翻领的中心部分

❾

穿过领口线进行缝制

❿

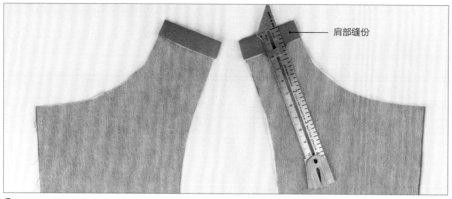

肩部缝份

❶

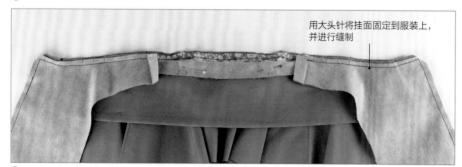

用大头针将挂面固定到服装上，并进行缝制

❷

在适当的位置进行假缝

❸~❹

 试一试

有时挂面是"长在"前中的位置的——换言之，它是服装前片的一部分，而不是裁剪成了单独的一片。如果出现这种情况，向后折叠前挂面，使正面相对。

缝制前领挂面

❶ 在前挂面肩部缝份处进行压烫。

❷ 如果样板已经对前挂面进行了分割，用大头针将其固定到服装的肩缝上，并进行缝制。可以将服装和领子上的缝份进行分层，以减少体积。

❸ 将领子翻到正面，并将挂面压烫到位。

❹ 在翻领顶部的缝份下进行折叠，以便将连接底领和服装领口的针迹线翻过来，然后用大头针或手针假缝将其固定到位。

❺ 从底领的一侧开始，缝合肩缝及其后颈处的缝隙。

❺

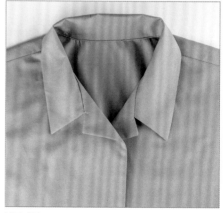

挂面成品

完成前领口挂面

❶ 用合适的黏合衬加固后颈处的挂面，并环绕服装领口，在其缝份线内平缝一圈。

❷ 在肩缝处，用大头针将后领挂面固定到前领挂面上并进行缝制。劈缝压烫。

❸ 正确放置并向后折叠前片挂面，让服装正面相对。沿着领口线用大头针固定前领挂面和后领挂面。

❹ 沿着领口线进行缝制。修剪缝份，并将领子和服装上的缝份进行分层以减少体积。

❺ 将领子翻到正面，并将挂面压烫到位。

❻ 用大头针将肩缝、挂面和服装固定到一起。采用手缝或机缝将挂面与服装的缝份缝合在一起，并在适当的位置加以固定。

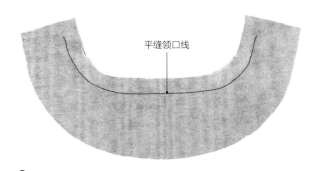

平缝领口线

❶

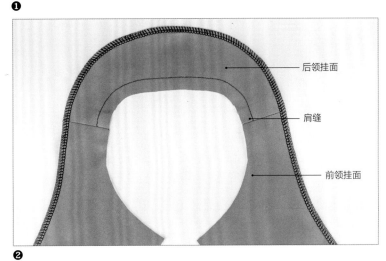

后领挂面

肩缝

前领挂面

❷

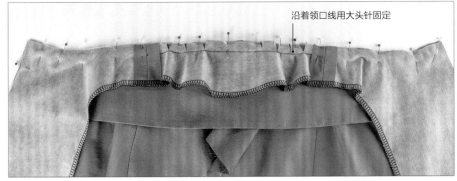

沿着领口线用大头针固定

❸

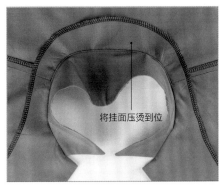

将挂面压烫到位

❺

修剪缝份并将其分层

❹

带有前后挂面的领子

青果领

这种类型的领子是从服装前身延伸到脖颈后部的领子。它的前领其实是前片挂面的一部分，所以整个领子是服装前片的一种延伸，翻卷形成领子的后部。

传统的青果领的形状是一条温和的曲线，但是时尚已经见证了各式各样形状不同的领子。

❶挂面需要粘衬，给它带来一定的硬挺度。修剪黏合衬，使其一周稍微小于挂面，然后按照制造商的指示说明，将它用在面料的反面。把纸样上的所有标记转移到面料上（参见第62~63页）。

提示：如果制作夹克或者外套，则既要给衣身粘衬，也要为挂面粘衬。但如果是制作衬衫或者裙子，可能只需要给挂面贴衬。

❷沿着服装和挂面上的领口缝份线上的边角进行平缝。确保在标记点处转弯。

❸如果领子和挂面的前面有省道，接下来缝制这些省道（参见第73页）。（省道可以令领子光滑平坦，但并不是所有的纸样都存在省道）

❹在衣身和挂面上都要缝制后中缝（a、b）。劈缝压烫。

❺剪开衣身和挂面的领口转角，剪到标记点处，小心不要剪过平缝线迹。

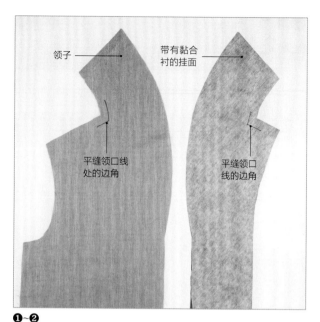

领子　带有黏合衬的挂面　平缝领口线处的边角　平缝领口线的边角

❶~❷

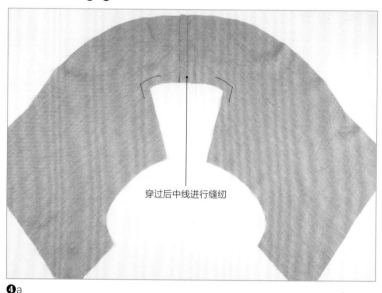

穿过后中线进行缝纫

❹a

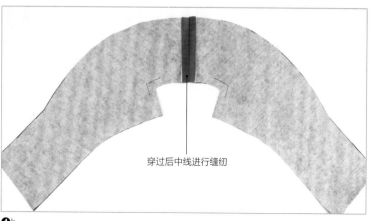

穿过后中线进行缝纫

❹b

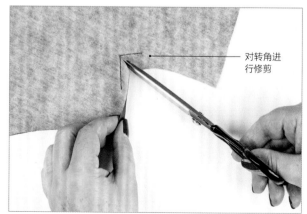

对转角进行修剪

❺

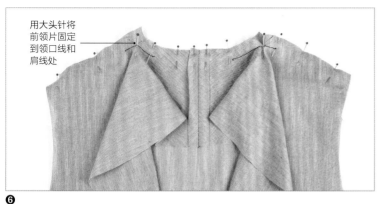

用大头针将
前领片固定
到领口线和
肩线处

❻

❼

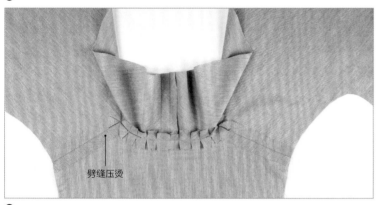

劈缝压烫

❽a

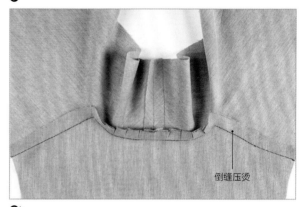

倒缝压烫

❽b

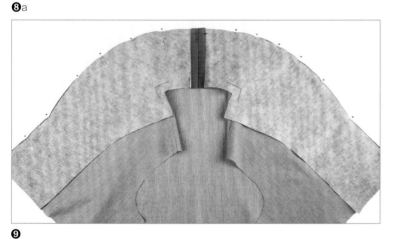

❾

❻ 正面相对，用大头针将领子的后领口和服装的后领口固定到一起。使领子的后中缝份和服装的后中对齐。用大头针将服装的肩点和颈点也固定到一起。旋转衣领/服装前片，使服装后片和前片缝份的肩部对齐。

提示： 将大头针垂直固定在小圆点上，以确保在缝制领角时，衣领不会缩回。

❼ 从后中线开始，缝到拐点处，将针插入面料，将所有的面料进行翻转（确保压脚下的面料没有被缝到），然后穿过肩部继续缝纫。在另外一边重复此步骤。

❽ 如果是带有后颈挂面的领子，劈缝压烫肩部和脖颈的缝份（a）。

　　如果是没有后颈挂面的领子，使缝份倒向领子进行压烫（b）。这将有助于后面整理。

❾ 使正面相对，用大头针将领子的挂面沿着领子的外沿一直向下到前中线，固定到服装上。

❿ 从后中开始，沿着领子向下到缝到前中。然后在另外一侧重复此步骤。

⓫ 将缝份分层，从一侧修剪一半，然后另外一侧也修剪一半。修剪缝份，清除掉多余的面料，可以使领子更服帖，形成一条平滑的曲线。

⓬ 暗缝要穿过服装侧边的衣领和缝份，从后中开始，距止点大约1½英寸（4厘米）处停止（止点是衣领向后折叠的地方。如果继续缝下去，那么在服装的正面就能看到针迹）。

⓭ 将衣领的正面翻出来，并对其外沿进行压烫。

❿

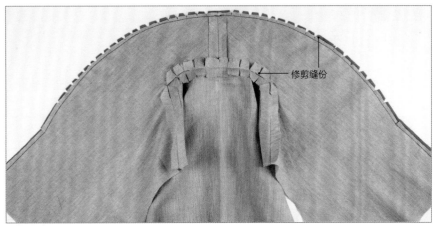

修剪缝份

⓫

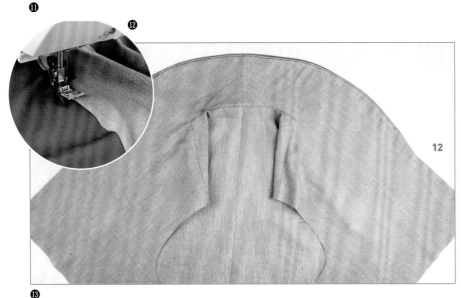

⓬

12

⓭

完成前颈挂面的缝制

❶ 在挂面的肩线和领口线的缝份下进行折叠。使转角点和省道对齐。用大头针穿过肩缝，并固定到位。

❷ 将手穿过服装和挂面之间的袖窿处的间隙，并捏住肩缝。从袖窿中拉动肩缝。这样就可以将肩缝的内侧翻过来，以便于将服装和挂面的肩缝对齐。

❸ 在原来的缝线内，沿着肩缝从转角点缝到肩点。将肩部的正面翻出来，对肩缝进行压烫。对肩的另一侧进行同样的操作。

❹ 在后颈的缝份处打一些小的剪口，这样在向下折叠时，能让它服帖。将折叠的边缘沿着后领口排齐，并用手缝或机缝固定。

完成后颈挂面的缝制

❶ 后颈挂面需要粘黏合衬，给它一定的硬挺度。修剪黏合衬使其一周稍微小于挂面，然后按照制造商的指示说明，将它用在面料的反面上。将纸样上的标记点转移到面料上（参见第62~63页）。

❷ 将正面相对，使后中对齐并用大头针固定。和之前一样，在转角处旋转，并对齐肩部缝份。

❸ 从后中的地方开始缝制，在穿过肩部进行缝制之前，将针插到缝份的转角处。修剪缝份，并进行劈缝压烫。

❹ 将服装和挂面上的省道以及转角对齐。沿着省道并穿过后颈的缝份进行缝制，将领子和挂面固定。

❺ 如果没有加衬里，确保挂面的边缘清理干净，用手针将挂面和肩缝固定。

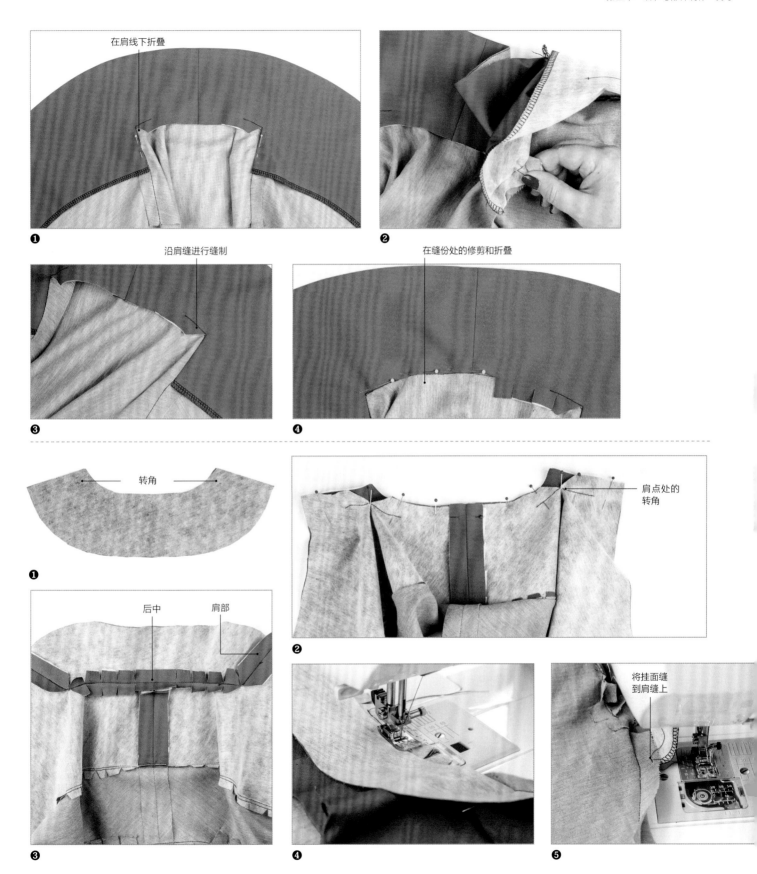

在肩线下折叠

❶

❷

沿肩缝进行缝制

在缝份处的修剪和折叠

❸

❹

转角

❶

后中　肩部

❸

肩点处的转角

❷

❹

将挂面缝到肩缝上

❺

育克

　　育克位于肩部，是连接服装前片和后片的一块面料。它可以从肩胛骨延伸到肩线以上，也可以从肩胛骨一直延伸到胸部。它的设计因时尚而异。

　　育克可以是单层面料，但通常是由育克和贴边组成的。这意味着所有的缝边都是封闭的，缝制完成后，服装内部干净整洁。

　　大部分休闲衬衫都是一片式育克，但正式的礼服衬衫可以用分开的两片式育克，育克可以斜向裁剪，使肩部更加合体。比如，可以将斜向裁剪的育克应用于格子面料的休闲衬衫上，效果非常好。

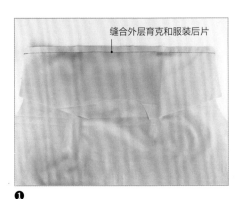

缝合外层育克和服装后片

❶

双层育克

　　这种育克有两层——一个外层育克和一个贴边育克。由于它常用于衬衫上，有时也可以叫它衬衫育克。

　　根据纸样，装育克之前，需要在服装的后片做一些抽褶、褶裥或塔克处理。

❶正面相对，将剪口对齐，用大头针将外层育克固定到服装后片上进行缝制。将缝份倒向服装后片进行压烫。

❷正面相对，与前片边缘对齐，用大头针将外层育克和服装前片固定，并进行缝制。

❸育克贴边正面与服装反面相对，将育克贴边的前边缘和服装的前片对齐。将大头针穿过所有面料层进行固定。沿前边缘穿过所有面料层缝纫，缝在之前的缝线上。

❹朝服装前片方向折叠外层育克和育克贴边，并进行压烫（a）。沿距缝份1/8英寸（3毫米）的边缘位置，穿过外层育克和育克贴边这两层进行缝纫（b）。

❺将服装后片正面朝上平铺在最上面，将服装从底摆卷起后放在外层育克上面。然后将育克贴边折到卷起的服装上，对齐育克缝份。

❻在后片育克的缝份上，用大头针沿之前的缝线穿过育克和服装缝份固定并缝制。

❼将手伸进外层育克和育克贴边之间的空隙，抓住卷起的服装。将它从空隙中拉出来，服装的其余部分也随之被拉动（a）。继续拉动，使服装前片也跟着拉出来，然后将服装翻到正面（b）。

❽朝服装后片反方向拉动育克，并进行压烫（a）。在距缝份边缘1/8英寸（3毫米）的位置缝制育克（b）。

缝合育克和肩线

❷

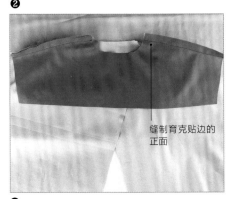

缝制育克贴边的正面

❸

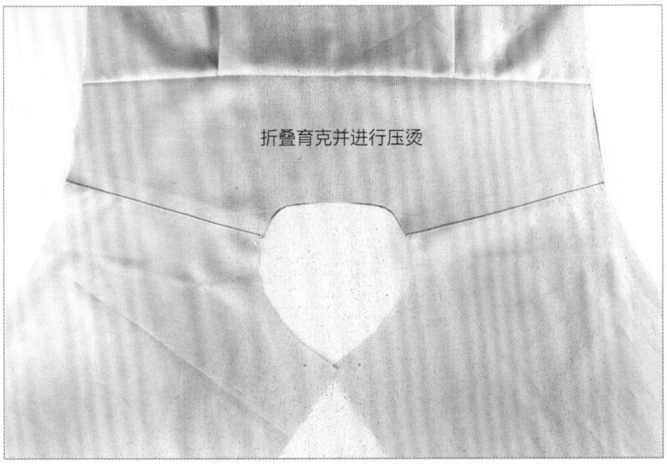

折叠育克并进行压烫

4 a

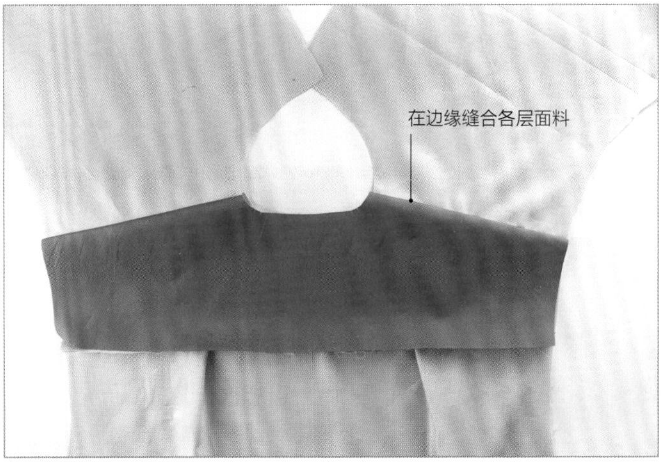

在边缘缝合各层面料

4 b

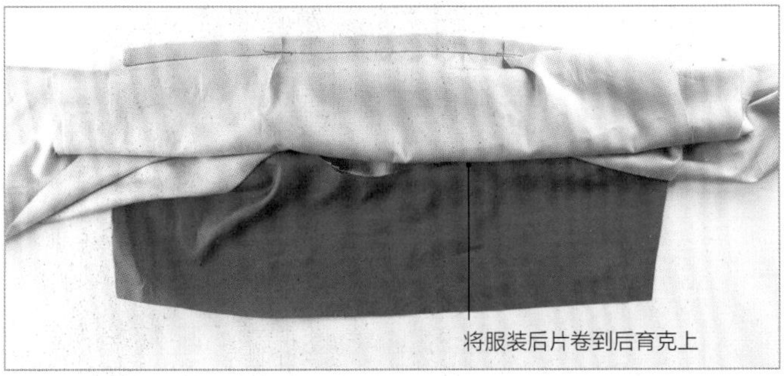

将服装后片卷到后育克上

5

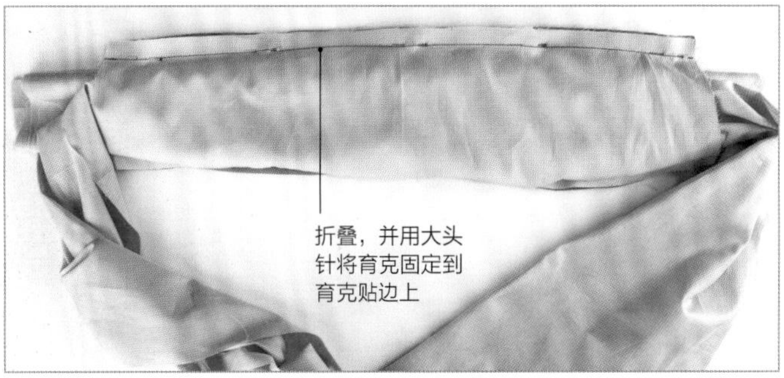

折叠，并用大头针将育克固定到育克贴边上

6

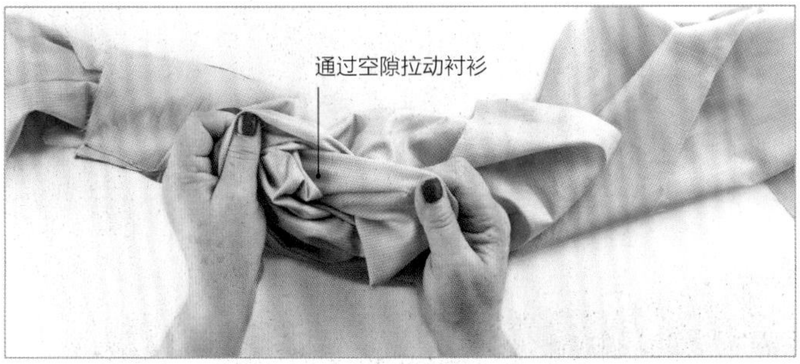

通过空隙拉动衬衫

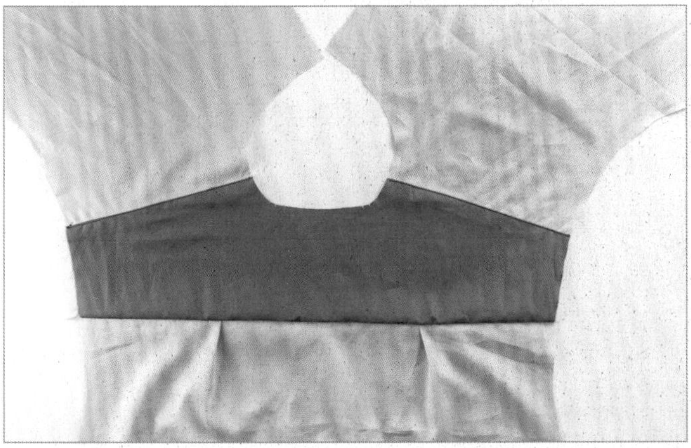

7 a

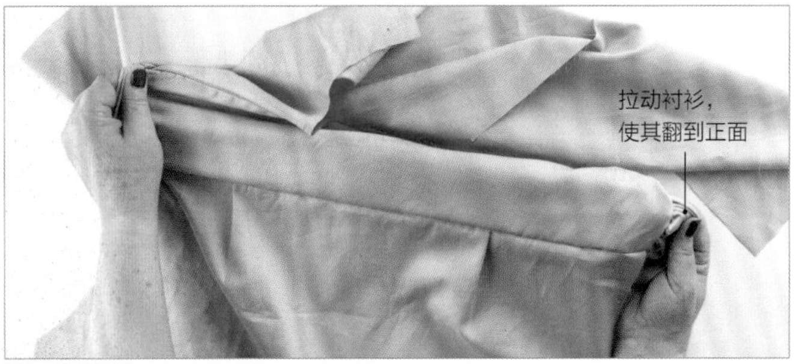

拉动衬衫，使其翻到正面

7 b

8 a 反面

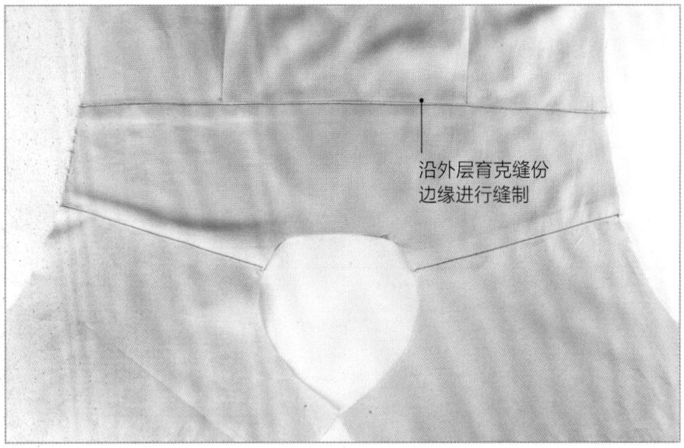

沿外层育克缝份边缘进行缝制

8 b

腰头

腰头不单是一种处理腰线的方式，还可以使
裙子、裤子更精准地贴合在身体上。时尚决定了
腰头的宽度以及它们的位置。考虑到自然的腰线
可能太高而看起来不舒服，目前人们更偏爱低腰。
所以无论"腰部"位置应该在哪里，腰头都
应该确保服装贴合身体。

整齐干净的腰头有助于裤子有
更好的悬垂性。

直腰头

完成服装的装腰工序有许多方法，最简单的方法之一是将一块直面料对折做成腰头。

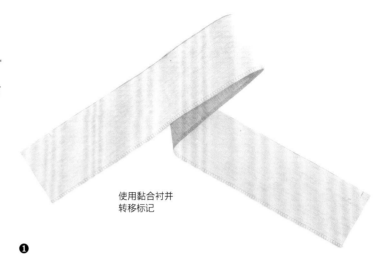

使用黏合衬并
转移标记

根据使用的面料，选用结实或中等厚度的黏合衬支撑腰部，确保它不变形。如果使用的是厚重面料，比如牛仔布，就只需在缝制扣眼的地方使用黏合衬，以起到支撑作用。这也是为什么腰头是沿经线裁剪的。

直腰头的长度通常长于腰围长度，以形成一个搭扣，选择紧固方法（扣眼或挂钩和挂条）进行固定。超出的长度通常在1~1½英寸（3~4厘米），注意根据纸样进行选择。

❶将黏合衬粘在腰头的反面。不要忘记将纸样上的标记全部转移到腰头的反面（参见第62~63页）。

❷正面相对，将剪口对齐，用大头针将腰头固定到服装上。腰头的其中一端应伸出服装5/8英寸（1.5厘米），另一端应伸出1~1½英寸（3~4厘米），以留出搭扣余量。

❸沿腰头一周进行缝制，确保正好缝制到服装的末端，注意在起止部位进行倒缝。

❹将缝份分层（参见第91页），将缝份倒向腰头方向进行压烫。

❶

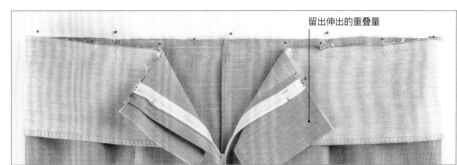

留出伸出的重叠量

❷

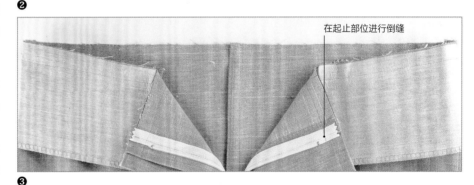

在起止部位进行倒缝

❸

将缝份分层

❹

完成腰头的缝制

方法1

利用缝纫机整理腰头内部，使其保持干净整洁。

❶ 用锁边、锯齿形或包缝针迹使腰头的剩余长边保持光洁。

❷ 在腰头末端伸出5/8英寸（1.5厘米）的位置，折叠缝份，然后将腰头折叠，使正面在内侧，折叠的缝份正好位于腰缝下方。用大头针固定。

❸ 保证服装开口，沿短边缝制。

❹ 将缝份修剪至一半并翻出转角。

❺ 在伸出服装部分较长的一端，将腰头折叠，使正面在内侧，腰头缝份保持平整。用大头针固定。

❻ 沿腰头短边缝制，缝到腰线的水平线位置上。放下机针，在转角处旋转。继续缝制，直到与腰缝线汇合——但不要与缝线交叠，因为这将会阻碍腰头翻到正面。

❼ 修剪转角，将缝份修剪至一半，然后将腰头翻到正面。

❽ 熨烫腰头，使经过光洁处理的边缘平整地放在腰缝线上。用大头针固定。

❾ 在腰头的两端，卷起少量的缝份使腰头平整。

❿ 从服装正面，贴着腰缉线缝纫，将腰头固定。

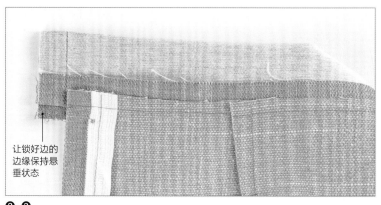

让锁好边的边缘保持悬垂状态

❷~❸

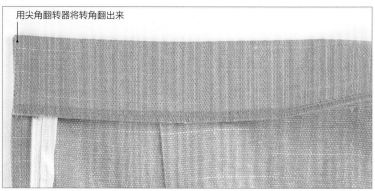

用尖角翻转器将转角翻出来

❹

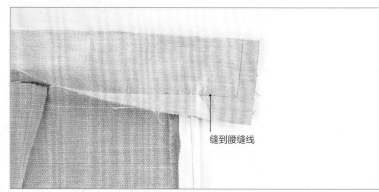

缝到腰缝线

❺~❻

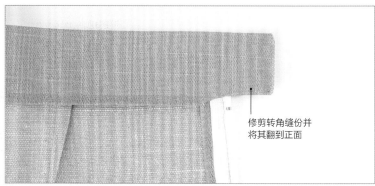

修剪转角缝份并将其翻到正面

❼

水平方向别大头针进行固定，使腰头保持平整

❽~❾

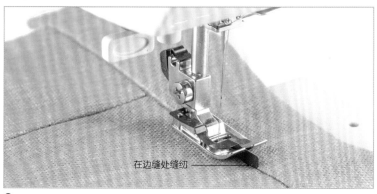

在边缝处缝纫

❿

将大头针垂直固定，以便折叠

❶

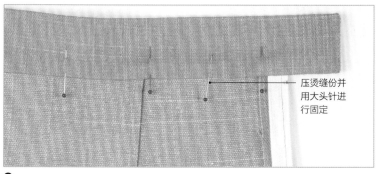

压烫缝份并用大头针进行固定

❷

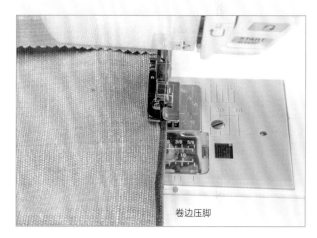

卷边压脚

试一试

　　为了得到一条完全机器加工的腰头，可以使用卷边压脚将腰头缝到腰缝上。

　　将服装正面朝上，沿腰头将服装向后折叠，这样腰缝就在折边上，可以看到腰头超出了大约1/4英寸（6毫米）。使用卷边压脚沿着腰头缝纫，这样便于针在上下面料之间来回穿梭，加固腰缝线处的缝份。由于不可能正好缝到末端，但因为缝迹足够牢固，所以也不必太过担心。如果真的想要缝到末端，可以在两端手缝一些线迹。

方法2

　　如果希望腰头内侧非常光洁平整，可以将缝份塞进腰头里，而不是让它平放在腰缝线处。

❶沿腰头长边接缝处进行压烫，参照方法1中的步骤❶~❼。

❷当腰头两端被缝合后，沿腰头上边缘压烫，并将折叠下来的缝份用大头针进行固定，使其恰好位于腰线上。

❸将腰头缝制到位，这样就完成了。

弧形腰头

　　弧形腰头看起来就像服装的一个不可分割的部分，和直腰头不同，它们并不是额外添加的一个独立的部分。弧形腰头正好位于或稍低于自然腰线，遵循身体曲线从臀部向上延伸，并且不会延伸到服装的腰部以上。

　　时尚流行和个人选择决定了弧形腰头的深度。因为弧形腰头是服装衣片不可分割的一部分，需要使用轻薄的黏合衬固定衣片，支撑曲线形状。

　　弧形腰头包括两个部分——外腰头（前片和后片）和内腰头贴边（前片和后片）。

❶ 如果使用的是轻薄面料，如棉府绸，需要将黏合衬粘在外腰带及腰带贴边的反面。别忘记将纸样上的标记转移到面料的反面。

❷ 将前腰头和后腰头沿短边连接在一起，形成一条长条，然后进行劈缝压烫。对贴边进行同样的操作。

提示：请记住！如果服装侧面有开口，需要将贴边做成和腰头对称的形状，以便反面合在一起时，腰头和贴边上的开口位于正确的一侧。

❸ 正面相对，使缝份和剪口对齐，用大头针将腰头固定到缝份上。

❹ 沿腰线缝纫一周，在缝纫起止位置进行倒缝。

❺ 将缝份分层以减小其体积（参见第91页）。剪掉多余缝份，使缝份平整。

❻ 进行压烫，使缝份倒向腰头方向。

❼ 正面相对，使剪口对齐，用大头针将贴边固定到腰头上，并沿顶部边缘缝纫一周。

❽ 将缝份分层，并适当地打剪口，释放曲线张力。

❾ 沿缝份放置一条窄带或带子，使其紧靠接缝线。沿腰围线的曲线，使缝份处剪口张开。将带子缝在缝份线上，仅缝合缝份，不要穿过裙子。这有助于支撑服装的腰部。

❿ 穿过贴边和所有缝份，在距缝份1/8英寸（3毫米）的位置进行缝纫。

⓫ 根据使用的紧固部件，根据制作直腰头的方法1或方法2完成腰头的其余部分。

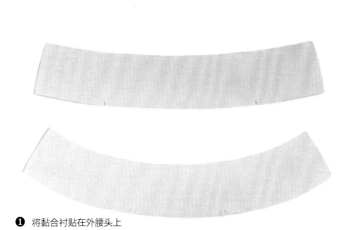

❶ 将黏合衬贴在外腰头上

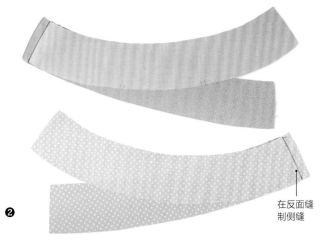

❷

在反面缝制侧缝

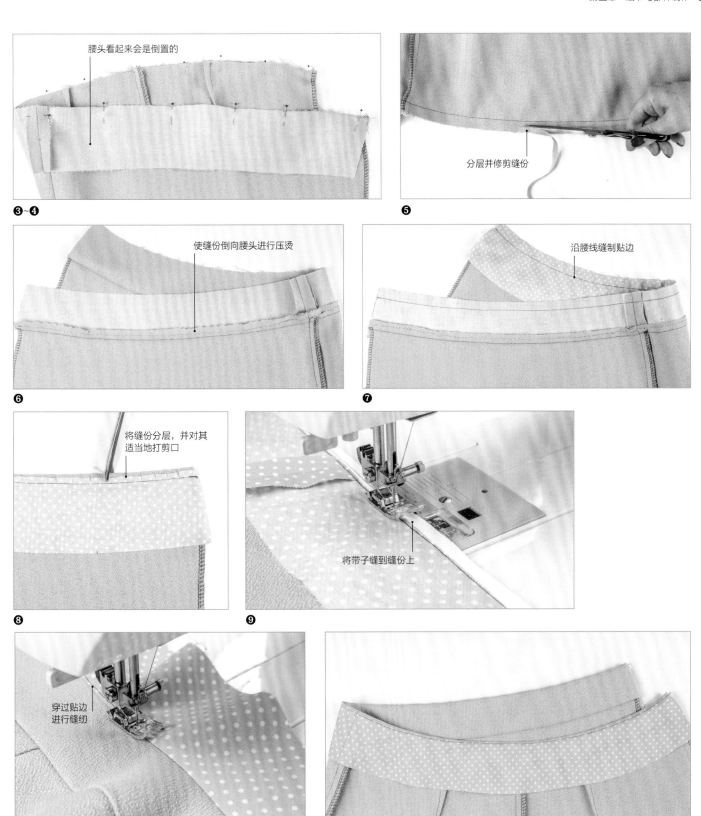

腰头看起来会是倒置的

❸~❹

分层并修剪缝份

❺

使缝份倒向腰头进行压烫

❻

沿腰线缝制贴边

❼

将缝份分层，并对其
适当地打剪口

❽

将带子缝到缝份上

❾

穿过贴边
进行缝纫

❿

⓫ 腰头缝制完成

腰带襻

　　腰带襻，或者裤襻，均匀地缝在腰头的周围，以便将皮带固定。它们也可以成为服装上美妙的装饰，赋予腰带襻额外的意义。

　　服装上通常会有五个腰带襻——两个在前面，两个在侧缝附近，还有一个在后中的位置——如果愿意的话，还可以放置更多的腰带襻。在后中的两侧各放置一个腰带襻看起来也很不错。大部分的腰带襻大约是3/8英寸（1厘米）宽，随个人喜好也可以做得更宽一点。

❶ 为制作五个3/8英寸（1厘米）宽的襻，沿布纹方向约20英寸（50厘米）长，3/2英寸（4厘米）宽的直纹上切割一条面料。对一条长边进行包缝或锁边。

❷ 将带子折成三层，带有锁边边缘的放在顶层。压烫到位。

❸ 缝合边缘或以双针缝合带子的两条长边。

❹ 将带子剪成五条相同的长度。有必要的话后面还可以进行修剪。

❺ 用大头针将腰头固定到服装上，然后将腰带襻置于服装和腰头之间。缝制腰带襻之前，使它们均位于正确的位置。

❻ 腰头缝制完之后，向上折叠腰带襻，将其塞入毛边下方，保持与腰头顶部齐平。如果需要的话，可以调整腰带襻的长度。

❼ 使用结实一点的针，90号的针或者是牛仔布用针最好，沿腰带襻顶部边缘进行缝制。穿过所有的面料层进行缝制。

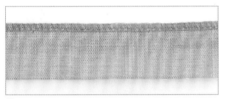

❶ 其中一边锁边

❷ 折成三层

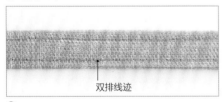

双排线迹

❸

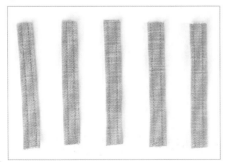

❹ 剪成五等分

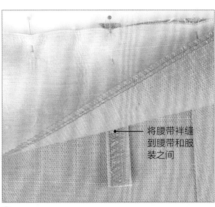

将腰带襻缝到腰带和服装之间

❺

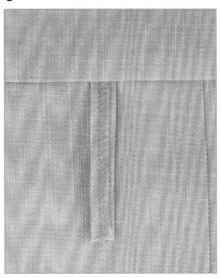

❻

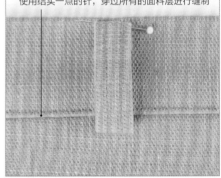

使用结实一点的针，穿过所有的面料层进行缝制

❼

 试一试

可以使用窄而密的锯齿形线迹进行加固和装饰。

锯齿形线迹

松紧带

尽管天然橡胶以乳胶的形式已使用了数千年，但橡筋松紧带仍被看作是一个非常现代的发明。

直到1820年，英国人托马斯·汉考克才发明了用于手套、吊带、鞋子和袜子的第一代松紧带。

松紧带种类繁多，针对特定用途有不同的特性。大部分常规松紧带以宽度分类。尽管有许多更适合于内衣、童装的更为柔软的弹性材料，但松紧带仍是一种制衣中常用的多用途弹性材料。

在服装的缝制过程中，松紧带通常会被直接缝到面料上以节省时间。松紧带边缘沿着腰围或袖克夫的边缘直接缝到服装上，同时整理服装使其保持整洁及伸缩自如。

然而在某些情况下，在松紧带外需要加一层套管。在童装中，如果将松紧带缝入套管中，则腰带的弹性会更大；而且将松紧带套在套管中，袖克夫缝制完以后会更加整洁。

根据功能和外观要求，松紧带的套管可以缝有单个或多个通道。

← 装有松紧带的腰头不仅舒适且易于缝制。

方法1

如果松紧量需要调整的话，这是一种不错的操作方法——例如童装。

测量所用松紧带的宽度。

❶ 缝制服装，沿顶部边缘向反面压烫1/4英寸（6毫米）。再次折叠顶部边缘，稍宽于松紧带，形成套管（不要将套管做的太宽，松紧带会扭曲）。

❷ 用大头针将套管固定，并沿腰围边缘缝合，距起始位置约2英寸（5厘米）时停止缝纫，留出间隙。

❸ 沿腰顶部边缘缝纫一周，防止松紧带扭曲，并使腰部缝制完以后比较整洁。

❹ 将松紧带绕腰部、手腕一周，测量出松紧带长度，确保其牢固但不要拉得太紧。预留3/8英寸（1厘米）的重叠部分，然后将松紧带剪成所需长度。

❺ 将安全别针固定在松紧带的一端，并将别针穿过套管。一直穿直到再次回到间隙处。

❻ 通过间隙拉出松紧带两端，并确保松紧带没有扭曲。将两端重叠3/8英寸（1厘米），用机器将重叠处缝制成矩形或方形，将两端连接在一起。在缝制的起始部位倒缝几次，使缝迹牢固。

❼ 将松紧带塞回套管内并缝合间隙。

试一试

将另一个安全别针固定在松紧带的闲置端，并将其固定在服装上。以防止松紧带被意外拉入套管，找不到末端。

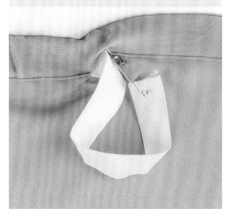

方法1

翻折两次进行压烫

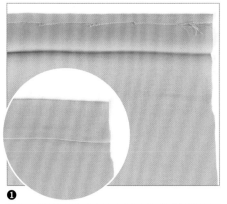
❶

留一点间隙使松紧带能穿过套管
❷~❸

测量松紧带的长度
❹

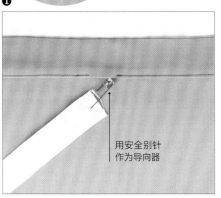
用安全别针作为导向器
❺

将末端固定在一起
❻

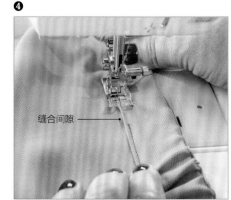
缝合间隙
❼

方法2

这种方法需要测量松紧带长度，并在缝入套管之前将其缝制成一个圈。这个方法更加快捷，我个人更喜欢这种方法。

❶ 缝制服装并沿顶部边缘向反面压烫1/4英寸（6毫米）。再次折叠顶部边缘，使其稍宽于松紧带，形成套管，并用大头针固定到位（不要将套管做的太宽，以防松紧带扭曲）。

❷ 沿腰围顶部边缘缝制，防止松紧带扭曲，并让松紧带缝制完后保持整洁。

❸ 将松紧圈放在套管内，并在套管的下边缘用大头针进行固定，将松紧带封口。

❹ 沿腰围进行缝制，将松紧带隐藏在套管里，一边缝制一边固定到位。服装积聚时面料会出现下凹和凸起，当套管缝制好后，这些现象就会消失。

❺ 沿着套管边缘向下缝制，注意不要缝到松紧带。每次大约缝制2英寸（5厘米），边缝边撤掉大头针。

❻ 缝回至起始位置时，重叠线迹以使缝纫牢固。

试一试

对于较薄的松紧带，可以缝制多通道（做一个更宽的套管将其划分成为多个通道），每个通道都有一段松紧带。

方法2

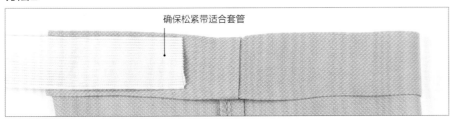

确保松紧带适合套管

❶

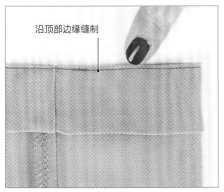

沿顶部边缘缝制

❷

放入松紧带

❸

用大头针固定套管

❹

沿套管底部边缘缝制

❺

重叠线迹使缝迹牢固

❻

缝制好的套管

装饰

　　一系列的装饰特点和工艺，可以给服装增添概念性和细节。可以用来突出缝份、为领口添加装饰甚至是妆点底边。

斜裁条

　　机织面料有三条布纹线：经线，纬线和斜纹线（见第 39 页）。斜纹方向可被轻微拉伸，可以利用这点剪裁出斜裁条，制成斜纹带。

　　有多种裁剪斜裁条的方法，你可以根据所需的斜裁条的长度选择适当的方法。

方法1　单个布条
　　如果只需少量斜纹带，可以使用这个方法。

❶ 通过布边或面料纱线找到面料的经线。沿经线画一条线，垂直于它再画一条线。

❷ 折叠，将水平线（纬线）覆盖在垂直线（经线）上。可以用大头针来确保是否对准。

❸ 面料的折边此时在斜纹上。沿折叠处剪开，从斜边量取布条宽度画出平行线，标记每个布条位置。沿线裁剪得到布条。

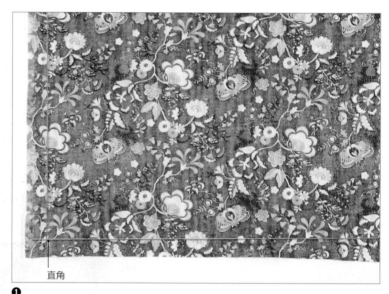

直角

❶

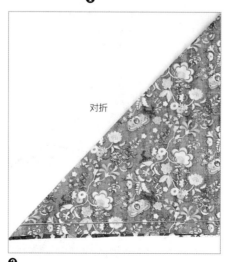

对折

❷

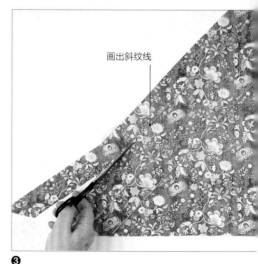

画出斜纹线

❸

缝合斜裁布条

❶ 将一块布条正面朝上水平放置。

❷ 将第二块布条正面朝下，垂直放置在第一块布条上。

❸ 从两块布条左上角的交叉点缝至右下角的交叉点。

❹ 劈缝压烫并修剪缝份至约6毫米宽。

布条1平行放置

❶

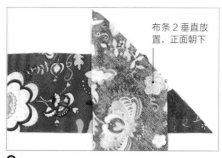

布条2垂直放置，正面朝下

❷

缝合布条交叉线

❸

裁剪缝份并劈缝压烫

❹

方法2　连续的布条

将布条先缝合，这样裁剪连续的斜裁条会容易快速得多。当需要许多斜裁条时，这样做会很有效率。

❶ 将一块方形面料正面朝上，沿对角线折叠。沿对角线剪开，得到两个三角形。

❷ 将一个三角形翻转过来使它们正面相对，移动三角形面料直至两条对角线在中心交叉。

❸ 缝合两块面料，缝份约为6毫米，分缝压烫。

❹ 在反面画出所有斜纹。保证它们之间相等且平行。

沿对折线剪开

❶

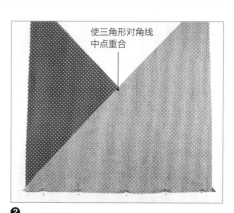

使三角形对角线中点重合

❷

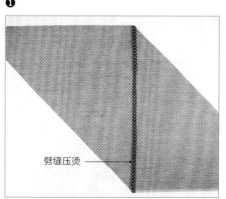

劈缝压烫

❸

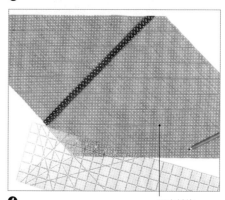

画出斜纹

❹

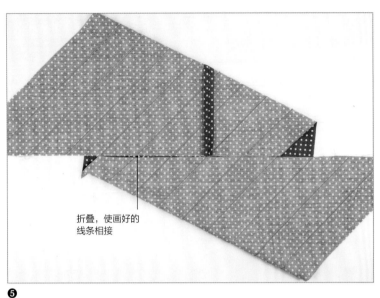

折叠，使画好的
线条相接

❺

❺ 折叠面料末端将所有画好的线——配对。

❻ 滑动面料，错开一根放置，即一边面料的上边缘和另一边的第一条线相接。这样面料上画好的线就形成了一个阶梯状。

❼ 将面料正面用大头针固定，将所有画好的线对齐。以缝份6毫米缝合面料，分缝压烫。

❽ 从一头开始，沿线通过接缝进行裁剪（a）。实际上，这时候正在以螺旋状裁剪筒状面料（b）。

现有连续长度的斜裁条，可以用它制成滚条、缝份装饰、褶饰、嵌边或卷绳。

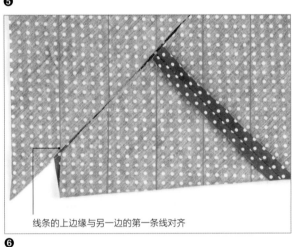

线条的上边缘与另一边的第一条线对齐

❻

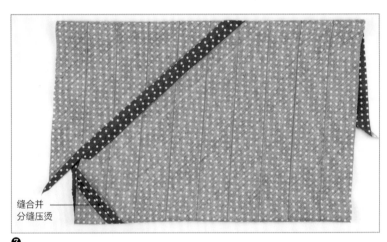

缝合并
分缝压烫

❼

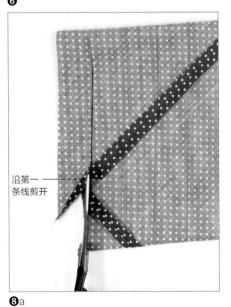

沿第一
条线剪开

❽a

继续剪开

❽b

嵌边

斜裁条的一大用处是制作嵌边。这个手法很适合突出缝份或是给边缘做平整整理。经常用于垫子或一些室内软装上，也用于服装的平嵌边或嵌绳嵌边。

平嵌边

平嵌边很窄，一般用于缝份、口袋周围或边缘。其实只要在量取尺寸时细心一些，就很容易做到精确处理。

沿布边做嵌边

所需斜裁条宽度由露出的嵌边宽度决定，通常是5毫米左右，在此基础上加上缝份宽度，然后乘以2，这是因为嵌边需要折叠，所以需要双倍宽度。

例如，可见嵌边5毫米 + 1.5厘米缝份 ≈ 2厘米。

双倍宽度即为4厘米。

测量所需嵌边长度，裁剪斜裁条时多裁剪1英寸（2.5厘米）以上的长度。

❶ 沿长度方向对折并劈缝。

❷ 在缝纫机下放置好缝边，然后将斜裁条放在面料的正面上。

❸ 沿缝份线车缝，将衣片和斜裁条缝在一起。不要在最开始时就用大头针把布条固定住，用手指在缝纫的过程中保持它的位置。因为布条是有余量的，如果用大头针固定住，在缝纫的过程中，可能会因为轻微拉伸，导致最后缝出来不平整。

❹ 将另一片衣片反面朝下，放置在布条上方。用大头针固定。

❺ 将衣片翻过来可以看到缝纫的第一排线迹，准确缝纫在这排线迹之上。

❻ 压烫缝份往一边倒，再按照第91页的方法处理缝份。

准确放置缝边

❷

沿缝份线缝纫

❸

将服装另一边用大头针固定在嵌边上

❹

缝在第一次线迹上面

❺

❻ 完成的嵌边

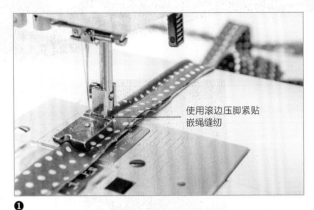

使用滚边压脚紧贴嵌绳缝纫

❶

与缝边对齐

❷

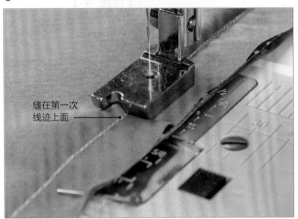

缝在第一次线迹上面

❸

嵌绳嵌边

将棉绳缝在斜裁条内会使嵌边显得更加立体。嵌绳嵌边能使衣边更牢固，同时会显得领边或者女士紧身胸衣的上边沿更好看。

所需斜裁条宽度由嵌绳尺寸决定。绳子的尺寸一般以直径描述，例如4毫米直径或6毫米直径。

将直径乘以3，得到包裹嵌绳的宽度，再加上2倍的缝份量。

假设直径4毫米的嵌绳需要宽度约1.5厘米的面料去包裹它。然后将缝份（1.5厘米）乘以2，因为斜裁条的缝份用量是双倍。

因此斜裁条总宽度为4.5厘米。

为了将嵌绳缝进嵌绳嵌边的布条内，需要完美紧密地缝制嵌绳。可以使用单边压脚紧贴缝纫，也可以使用嵌边压脚，嵌边压脚在底部有一个凹槽可以放置嵌绳，并有一个单孔可以作为针孔，保证紧贴嵌绳缝纫。

缝嵌绳

根据嵌绳嵌边面料的宽度裁剪合适宽度的斜裁条，然后留出适当的缝份或是缝边，以保证滚边面料与服装面料准确地缝合在一起。

❶ 把嵌绳放在已对折斜裁条的中心。缝纫要美观平整，尽量靠近嵌绳，将嵌绳缝进布条里。

❷ 将布条沿服装一侧的缝份放好，与缝边对齐。和平嵌边一样，不要一开始就用大头针将布条固定，只需用手指在缝纫中保持它的位置，准确缝纫在缝嵌绳的线迹上。

❸ 接下来和平嵌边一致，将另一片衣片反面朝下，放置在布条上方。再将服装翻过来，沿之前的缝线再缝一次。

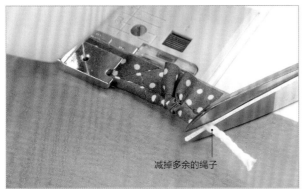

减掉多余的绳子

 ❶

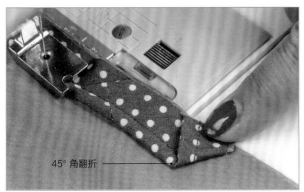

45° 角翻折

❷

缝纫好的嵌绳嵌边

光洁整理

整洁的末端可用于将嵌边对接到另一个接缝或接缝末端。

❶ 拉出约3厘米的绳子并剪掉它，使绳子隐藏在斜裁条里。

❷ 以45° 角向下折叠斜裁条中空的部分，然后沿布条缝纫。

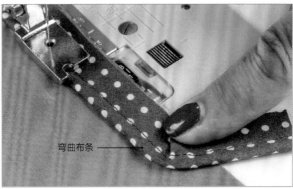

弯曲布条

❶

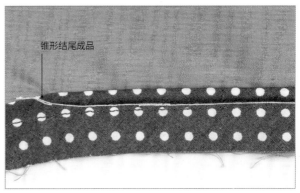

锥形结尾成品

❷

锥形端整理

锥形端整理有利于使滚边和另一个滚边接合，也可以作为底边和袖口的处理方法。

❶ 在结束前10厘米处抽出1/4英寸（3厘米）的绳子并剪掉它，使它隐藏在斜裁条里，并与缝纫末端保持平齐。

❷ 将斜裁条往下拉，使它慢慢往缝份方向弯曲，缝合到末端。

卷绳

卷条类似嵌绳，但不需将其边缘和服装缝合。多余的面料可以向内翻折，从而自己形成卷绳。由于它特殊的制作方式，只可使用轻薄的紧密织物进行制作，比如丝缎、棉府绸或细麻布。

当把它弯曲或扭动成一些特殊形状时，卷绳可以成为非常好看的表面装饰品，甚至可以制成传统的盘花扣。

尽管在日常穿着的连衣裙或是衬衫上不需要使用过多的卷绳，但它可以制作成优雅的小扣襻或是传统的装饰品，点缀在结婚礼服或晚礼服上。

试一试

在布管道的开始/结尾处从缝边朝向折叠边缘缝制，缝出一个漏斗状，方便将面料翻出来。

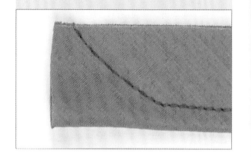

制作卷绳

方法1

❶ 裁剪4~6厘米宽的斜裁条。

❷ 沿长度方向对折，正面相对，距折叠线5毫米处缝出一条细窄的管道。

❸ 插入翻带器并贯穿内里。注意：翻带器的钩子要牢牢勾住布条顶边的面料。

❹ 将面料一点点翻进内里，这有一点难度，需要用力些但不能过猛，慢慢把面料往里翻。

❺ 不停拉翻带器直到钩子尾部出现在底部。取走钩子，继续慢慢拉布条直到剩下的所有面料都翻过来，卷绳就做好了。

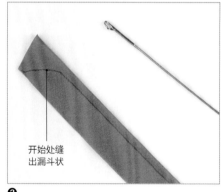

开始处缝出漏斗状

❷

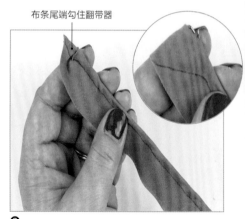

布条尾端勾住翻带器

❸

❹ 拉出卷绳

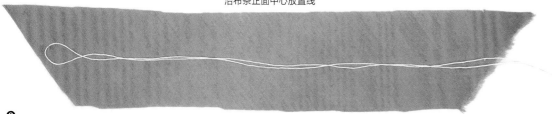

沿布条正面中心放置线

❸

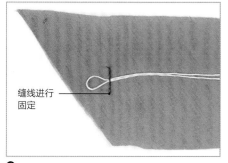

缝线进行
固定

❹

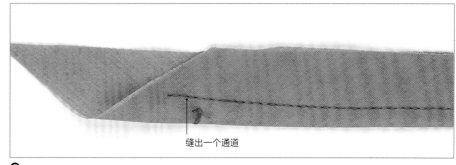

缝出一个通道

❺

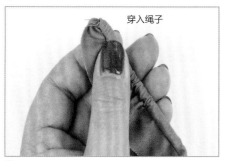

穿入绳子

❻

方法2

❶ 裁剪 1½~2½ 英寸（4~6 厘米）宽的斜裁条。

❷ 选择结实、粗一点的缝纫线或纱线沿长度方向放在斜裁条上。可能需要多用几股线。

❸ 将这些线沿布条正面中心线放置。

❹ 在线的一头来回缝几次，将它固定在布条的一端。

❺ 对折布条，把线包在布条里，距折叠线约 1/4 英寸（6 毫米）缝出一条管道，注意缝线时不要将原本包在里面的线缝住。

❻ 慢而稳地将线拉扯出来，翻转布条，最终制成卷绳。

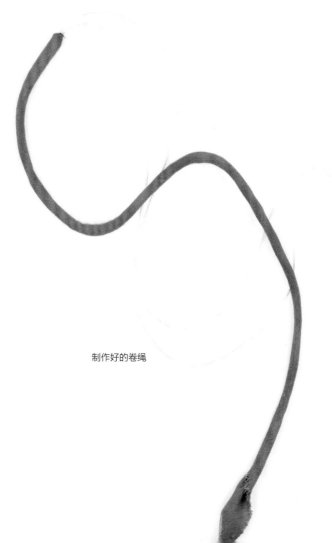

制作好的卷绳

无论是在服装衣身上还是
作为一种镶边，蕾丝都是
一种为服装增加细节和趣
味的巧妙方式。

添加蕾丝

这是给服装增加细节的好方法。尤其在轻薄或是中等重量的面料上使用效果很好，所以在女士贴身内衣、真丝连衣裙和真丝衬衫上添加蕾丝是很好的选择。

如果要在服装上添加蕾丝装饰，为了不增加服装的长度，需要先修改一下纸样，确定添加蕾丝的位置。

❶ 在服装上标记加入蕾丝所需要的宽度，然后在需要添加蕾丝的地方剪开衣片，把缝份锁边，并把缝份压烫到衣片背面。

❷ 衣片正面朝上，将蕾丝沿着衣片上部剪开处折进的边缘放置。

❸ 将蕾丝和折叠到背面的缝份缝合。

❹ 把下面的衣片正面朝上，放在蕾丝底边的下面，并用大头针固定。

❺ 缝合蕾丝和折叠到背面的缝份。接下来按照原来的纸样继续制作未完成的服装。

正面

❷

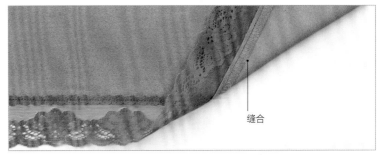

缝合

❸

❹

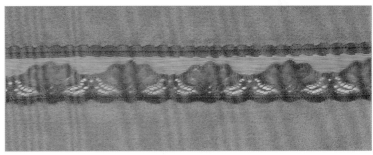

❺

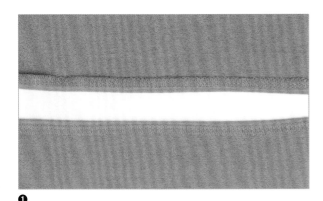

❶

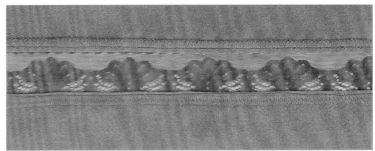

嵌入蕾丝后的背面效果

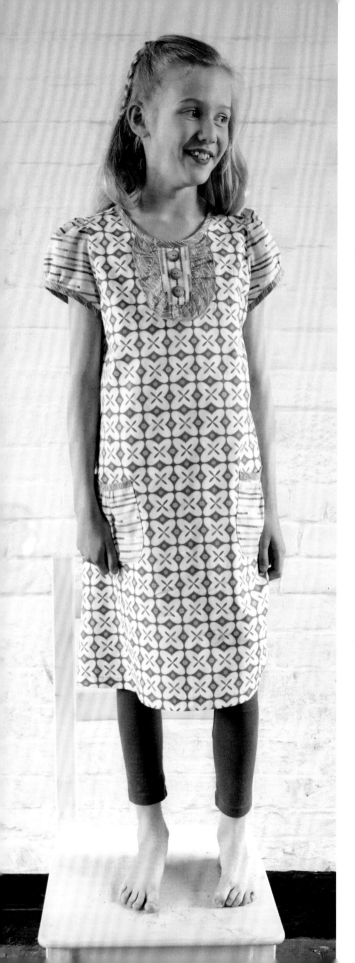

褶边与荷叶边

无论是褶边、褶饰还是荷叶边，都能使服装看起来更加柔和，凸显服装特征。虽然这三个词经常被互换，但是它们还是有明显区别的。

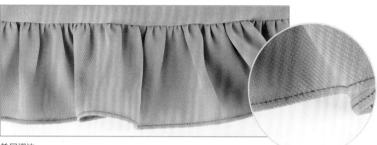

单层褶边

双层褶边

褶边

面料上通常会因抽褶或是打褶出现一条条皱褶，从而形成波浪底边，营造出蓬松的感觉。而褶边就是沿着面料的一条边抽褶或是打褶形成的。注意在抽褶或是打褶之前需要先把褶边的底边进行锁边处理。

双层褶边可以在两侧都看到明显的褶皱效果，能给服装营造出华丽丰满的感觉，尤其是晚礼服。

← 在纽扣的门襟周围装饰的褶边给这条裙子带来别样的细节特点。

褶饰

褶饰是在直布条的中间抽褶或打褶而成的皱褶，褶饰的两边都会出现波浪边。

抽褶或是打褶的位置也可以稍稍偏离中心，从而形成不规则的效果。

斜裁条制成的褶饰很别致，褶饰的边缘给人一种柔和的感觉和分散的效果。

制作条状褶饰时可以使用普通的叉子来平均分配褶皱。首先在压脚下排列好装饰带的边缘，然后在面料上插入叉子的一个尖头，转动叉子让面料缠绕在叉子上来制造出褶皱。接下来把下一条褶压在上一条褶的边缘底下，这时候可以用手指去感知下褶皱的位置，直到缝纫到褶的边缘时再将叉子移开。现在可以尝试用这种方法给服装加边或者做装饰。

中心褶饰

偏离中心的褶饰

用大头针把皱褶收拢塞进压脚下

荷叶边

荷叶边与褶边和褶饰的不同之处在于荷叶边与服装缝合的地方是平整的，既没有抽褶也没有打褶。如果把荷叶边缝入垂直方向的缝份，就会制造出一种瀑布式的效果。

用环形面料制作荷叶边会制造出丰富的波浪边缘，面料里面圆环的周长等于荷叶边的长度，而外圈的周长则决定了它形成的波浪，周长越长，波浪越大。

和褶边、褶饰一样，在与服装缝合前，都需要先把荷叶边的底边锁边。可以使用包缝机或缝纫机上的线迹选择（见第239页）进行装饰性的边缘整理，使用什么机器取决于你想要什么效果。

测量所需的荷叶边的长度，并将缝份考虑进去，这个长度记为 C。

根据初中所学的代数和圆周长的公式（$C=2\pi r$），就能够推算出圆的半径。最方便的方法就是直接将长度 C 除以6.28，这样得到的就是荷叶边内圈的半径。接下来画出外圈，外圈的半径就是在内圈半径的基础上加上荷叶边的宽度。

荷叶边的末端可以逐渐减短，这是为了进行曲线缝合或是去掉缝边。

缝入荷叶边的方法同缝合平嵌边的方法一样（见第191页）。

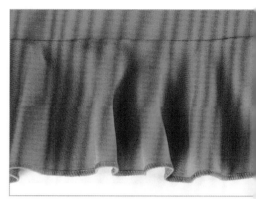
荷叶边

瀑布式荷叶边

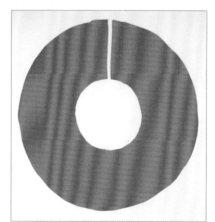
荷叶边是由环形面料制成的

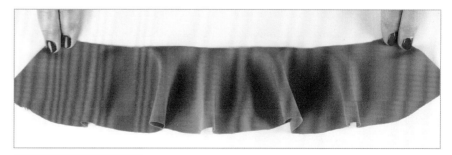
环形的面料横向展开形成荷叶边

明线

　　缝制明线是我个人最喜欢的一个工艺。它很简单，但可以很好地增加服装的质感和装饰性。对于衣片缝合以及保持服装干净平整非常有效。

　　有些时候要避免使用明线，例如当很难缝好的时候，或者线迹不容易平直时，就不需要将其表现出来。但是跟其他工艺一样，如果在之前做好准备的话可以使它操作起来变得更加简单。

　　有以下几点需要考虑：

面料的选择

　　越紧密稳定的面料就越可以更好地进行多行缝纫。一块较细薄的面料也可以进行缝纫，可以通过使用粘衬或喷雾上浆处理的方式使面料保持平整并防止其在缝明线时起皱。

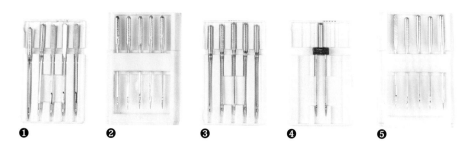

❶　　❷　　❸　　❹　　❺

针的选择

　　缝明线用针❶针眼比平常的更大，以方便穿过更粗的线。

　　牛仔用针❷可以穿过厚实的面料。

　　刺绣用针❸针眼比平常的更宽，可以穿过装饰线或是金属丝线。

　　双针❹用两根针可以缉出双排缝线，线轴在两条线之间曲折排列。

　　弹力针或针织用针❺用于针织面料。

▶ 试一试

　　如果明缝线迹的末端在另一接缝或者底边结束，不需要在线迹开始和结束的地方倒回针，这只会增加起拱，让线迹看起来更乱。相反，可以把面线穿到底部，并修剪至与面料齐平。

　　使用粗缝纫线时可能需要改变面线的张力。注意：张力拨盘上的数字越低，张力就越小。数字小＝张力松。

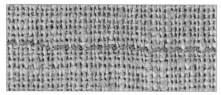

每英寸 10 针（针距 2.5 毫米）的缝线密度

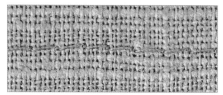

每英寸 6 针（针距 4 毫米）的缝线密度

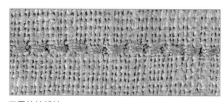

三重伸缩线迹

线迹

　　缝明线需要使用比平时更长的线迹来凸显效果。大多数中等重量面料的缝线每英寸针数一般在8~10针，即针距为2.5~3毫米。再厚实些的面料就需要到每英寸7针（针距3.5毫米）甚至是6针（针距4毫米）。

　　如果不想用已有的明缝线迹也可以使用普通的缝纫线缝出三重伸缩线迹。缝纫时来回地前后缝可以得到更粗的缝纫线迹使明线更加清晰。

你可以选择同面料相对应的线（左），也可以选择有对比效果的线（右）

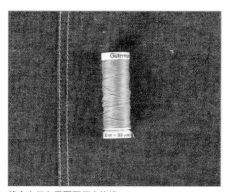

缝合牛仔布需要更厚实的线

亚麻布上普通的缝线（左）和粗厚的缝线

缝线的选择

不管是想用对比色缝线来凸显明线，还是想让针脚看起来更加精致，最后使用的缝线都应与使用的面料相匹配。

如果使用的是中等重量的面料，譬如全棉府绸，普通的缝线就够了。但如果使用的是牛仔布或是帆布，面线用更粗的线缝纫会更适合。底线不需要使用明线的缝纫线，普通的缝线就可以了。

缝纫机压脚

一般的缝纫机压脚

可以使用一般的直线缝压脚来缉缝明线。但如果想要更容易地缝出和边缘平齐的平行线，可以充分地利用压脚使其发挥引导作用。例如，将金属压脚换成透明塑料压脚。根据衣片边缘或缝份放置压脚并摆动机针使其置于距边缘合适的位置上。不要一直盯着机针，而应集中精力将压脚和服装边缘、缝份对齐。

暗缝压脚

暗缝压脚的中心有刀片，它可以沿着服装的边缘、缝份运行，使机针摆到正确的位置。

钩缝压脚

有时候也被称为边缘缝线压脚。它和暗缝压脚相似，但它没有内里的刀片。这使得机针的放置自由度更大，可以使用的装饰线迹种类也更灵活。

一般的缝纫压脚

暗缝压脚

钩缝压脚

▶ 试一试

无论使用什么压脚都可以在压脚的尾部加上一个绗缝引导。这可以帮助你缝出比缝纫机压脚宽度更宽的平行线。

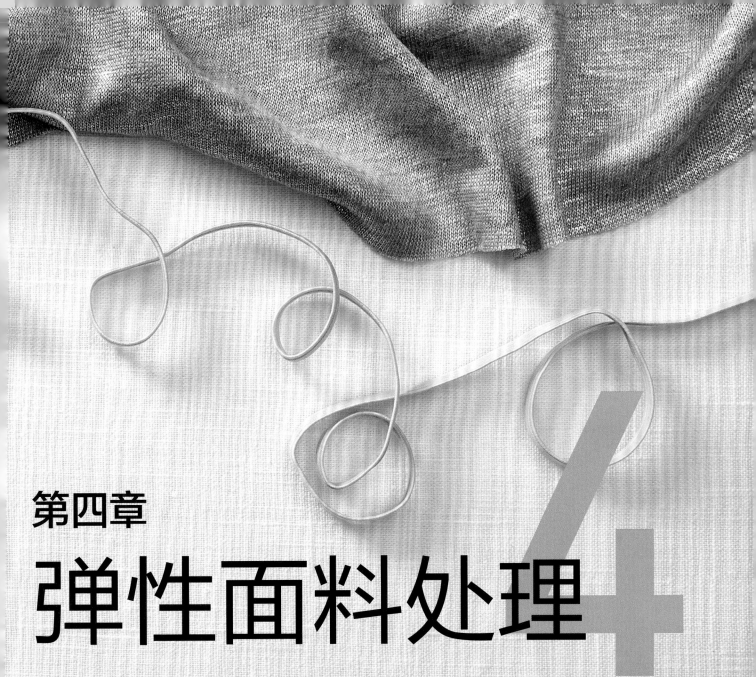

第四章

弹性面料处理

4

当你打开衣柜寻找服装，会发现很多服装都是由针织面料制成的。针织衫和毛线衫在流行服饰中越来越常见，但人们有时并不会注意他们所穿的面料是什么，对于他们来说，上衣就只是上衣而已。但其实这些面料都有着一些特性，使它们与机织面料有所不同。

弹性面料的特性

针织面料处理起来并不难。一旦了解了需要使用的特定面料的性能——克重和弹性，就可以调整缝纫机保证服装缝合的正确性。

针织面料与机织面料的差异

机织面料

机织面料由许多贯穿面料的经纱和纬纱交织而成。这样的编织方式使得面料结构更稳定。线或"纱线"可以是任意的厚度，可以由各种不同的纤维制成。因此，可以得到不同质地和重量的面料。

机织面料的织造方法保证了面料结构的稳定性，即使在面料上有洞或者有些纱线断裂了也不会影响面料的结构。

针织面料

针织面料是由单一纱线打圈并加捻组成的，也就意味着如果有一根纱线断裂，就没有其他的纱线可以继续支撑它的结构，容易导致面料脱散，譬如连裤袜或是长筒袜上经常出现的抽丝现象。

针织面料非常柔软且悬垂性好，可以贴合身体曲线使穿着更加舒适。

弹性

弹性是针织面料的固有特性，也是针织面料穿着舒适的原因。一般有两种基本的弹性：

机械弹性

机械弹性是因针织面料本身的结构而具有的弹性。针织面料通常沿纬线方向的弹性较好（即从布边到布边之间），因为当面料沿纬向拉伸时，线圈被拉平并延伸。

纱线弹性

纱线弹性是使用特殊的纱线来增加面料额外的拉伸性和回复性。弹性纱（也称为莱卡）和氨纶是最常见的两种纱线。大多数服装的面料含4%~8%的弹性纱，有一些特殊的面料会达到20%以上。

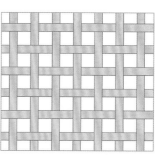

机织面料

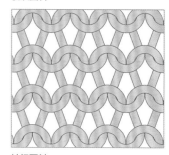

针织面料

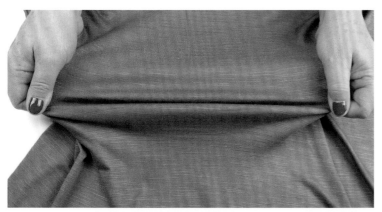

水平拉伸

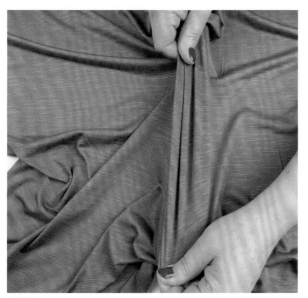

垂直拉伸

量出 4 英寸（10 厘米）

拉伸需要测量部分面料来得到面料拉伸量

水平弹力或双向弹力

面料在两布边之间容易拉伸。水平方向的弹力能够更贴合身体，使穿着更加舒适。

垂直弹力或四面弹力

大多数的针织面料在垂直方向上的弹力很小或几乎没有。所以四面的拉伸意味着沿面料长度方向上添加了额外的弹力，使得面料在四个方向上都能弯曲拉伸，特别适合制作运动服。

为了得知所选的面料的拉伸性能，可以裁一块 10 厘米长的面料，将面料一头放在直尺的零刻度处，用手指压住，使它保持不动。接下来拉扯面料的另一头观察它在可行范围内能拉到多远（不要过于用力拉扯）。这样就能粗略得到面料拉伸量的百分比。例如 10 厘米的面料能拉伸到 15 厘米，说明面料有 50% 的拉伸量。

在挑选面料的因素上，拉伸量百分比的多少比面料含有多少弹性纤维更重要。因为面料的拉伸性决定了它是否适合所要做的服装。

熨烫针织面料

在压烫针织面料时，注意一定要轻烫。因为针织面料的使用寿命、面料本身以及它的弹性都容易受到压烫的影响，容易被烫坏。

通常会垫一层熨烫垫布来发散一些直接热量，来隔离面料表面。

轻度的蒸汽熨烫可以给缝份和底边带来不同效果。蒸汽可以使面料在缝纫之后恢复原形，挽救一些缝纫的失误。

不同种类的针织面料

挑选针织面料时首要挑选的因素就是弹力性能，同时也要考虑匹配所制作服装的风格。

如果选择制作紧身风格的服装就需要挑选在垂直和水平方向上都具有弹性的面料。

如果想制作宽松一些的、悬垂性好一点的服装，选择一个双向水平弹力面料就足够了。

> ## 试一试

挑选针织面料最好的方法就是在买之前先感受一下面料的实物。通过这个方法可以了解面料的弹性和它的使用性能。

针织面料第一次洗涤的时候容易缩水，因此在裁剪之前最好先预洗一下。

柔软的四面弹力面料适合制作贴身服装，比如紧身裤一类。而较为牢固的双向弹力面料比较适合做运动衫。

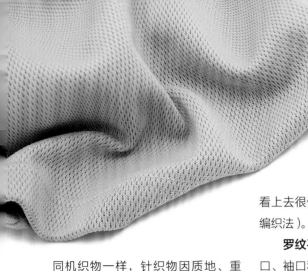

经编针织物因其轻薄和快干的性能一般会用来制作运动服。

同机织物一样，针织物因质地、重量、悬垂性和纤维的不同，有不同的术语和名称。接下来介绍一些常见的针织物。

平针织物 通常由单一纱线制成。几乎所有的纤维都能制成平针织物，包括棉、丝和涤纶，并且可以制成不同的重量。平针织物也可分为单面针织物、双面针织物、提花针织物或双罗纹针织物，这些名称是根据针织类型决定的。除了正反面相似的双罗纹针织物，其他平针织物的正反面很容易判别。单面的纬平针织物

看上去很像手工隔行正反针编织法（袜子编织法）。

罗纹平针织物 这种面料一般用于领口、袖口和腰头。比平针织物更牢固更紧实，看起来像手编罗纹。另外，更轻、更软的罗纹针织物会用在背心或是作为镶边装饰用在其他的平针织物上。

氨纶 针织物或多或少都含有氨纶，但100%的氨纶面料是不存在的，不然面料就会像一块巨大的橡皮筋。氨纶含量越高，面料其他成分是人造纤维的可能性就越大，如涤纶或尼龙，因为这样更适合制作高性能的服装。

尼龙或经编针织物 这种轻薄的面料

通常用于制作睡衣或女用贴身内衣裤。这种面料从几乎全透到不透均有。

蕾丝 针织弹力蕾丝也主要用于女性用贴身内衣裤。它各个方向的拉伸性能使得它可以提供更贴身、更舒适的体验。

背圈平针织物 这种针织物质量较好、较厚重、较牢固。背面有毛圈结构，洗后不会起球。

背面拉绒织物 这种针织物的正面比较光滑，反面进行了柔软的拉绒处理。这种针织物很牢固，适合制作运动衫和下装。

双层针织或罗马织物 它们的针织结构虽不同，但因这两种织物手感相似、克重接近，所以名字经常被互换。它们的弹力很大且针织密度也很大，非常适合做下装。

平针织物

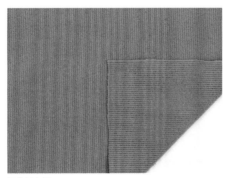
经编针织物

背圈平针织物

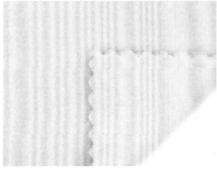
背面拉绒布

蕾丝

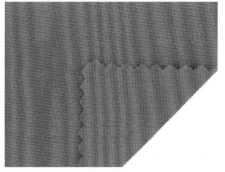
双层针织或罗马织物

使用正确的机针

这一点会对服装的外观造成很大的影响，同时也是造成缝纫困难的原因，譬如出现跳针和服装上出现针眼。

使用圆头针或弹力针可以起到比较好的效果。这些针的针尖比较圆润，使得机针能在面料起圈的纱线间不断推进，而不会像一般的机针刺破或是弄断纱线，导致抽丝或出现小洞。

提示：规格越大的针越粗

70——适合非常轻薄的丝或是黏胶纤维制成的平针织物。

80——用于克重较轻的T恤棉质平针织物。

90——适合双罗纹平针织物、罗马织物。

不同压脚的功能

大多数时候使用普通压脚就足够了，但特定的缝纫机压脚可以给成品质量带来很大的不同。

锁边压脚

一般用于缝制锁边线迹或锯齿形线迹。压脚右边与面料边沿对齐，缝纫时保持面料平整。

双送压脚

一般用于绗缝。这种压脚多了一个犬牙状锯齿，用来控制最上层的面料，使两层或多层面料可以以相同速率缝纫。

缝纫机参数设置

有些缝纫机可以改变压脚的压力。在不同的缝纫机上，刻度盘或控制器所在位置不同，所以需要查看一下说明书。减小压脚压力意味着面料通过压脚时不会像之前一样紧压在压脚下，这样面料不会在缝纫时被过度拉伸。缝纫线的张力一般不用改变，除非缝线太紧时需要降低缝线的张力。

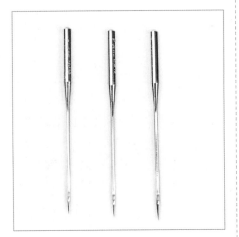

从左至右：规格为 70、80、90 的机针

锁边压脚（左）和双送压脚（右）

压脚压力拨盘

弹力带和固定带

弹力带是平针织物面料的完美搭档，具有多种用途。

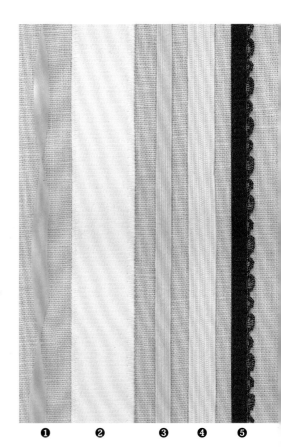

透明弹力带可用于针织面料的许多方面，既可以作为弹力带使用，也可以作为固定带使用。

透明弹力带作为固定带可以控制缝份的弹力，防止被拉伸过度而变形。肩缝就是其中最好的例子。弹力带需要比缝份宽一点，以保证弹力带和缝份可以缝在一起。

透明弹力带❶

非常细窄的聚氨酯弹力带，与一般的线绳松紧带不同。

绒面弹力带❷

通常用于女用贴身内衣裤，柔软的长毛绒整理使皮肤接触时倍感舒适。

线绳弹力带❸，❹

最常见的弹力带，就是一条条的橡胶绳合在一起制成的弹力带。它可以穿进面料里做松紧带。

锯齿状弹力带❺

通常用在女用贴身内衣裤上，带有装饰性作用的锯齿形边缘既可以作为一种装饰也能作为弹力边。

❶ ❷ ❸ ❹ ❺

如何固定缝份

不要舍不得使用弹力带，实际所需要的弹力带的长度比期望所需的总长度还要长一些。所以缝纫的时候需要多预留一些弹力带长度。

❶ 最开始缝的时候在多余弹力带的地方先锁边缝，保证机针能缝在弹力带上。另外也要保证弹力带在上面或者在两层面料中间，而不是直接接触送布牙，否则会钩坏弹力带。

❷ 穿过弹力带缝合，将其固定。缝纫的时候不要拉伸弹力带，就当在缝一块面料。在缝份的头和尾都留出一段弹力带，这样比较方便处理。

缝份缝合之后再将多余的弹力带剪掉。

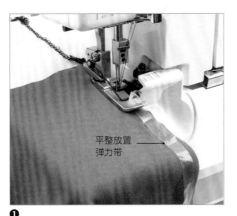

平整放置弹力带

❶

缝合弹力带和缝份

❷

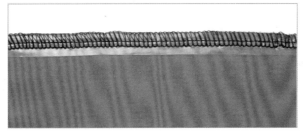

已完成的固定缝份

固定织带和内衬

　　除了固定弹力带之外，还可以固定织带，这是一种增加缝份稳定性的简单快速的方法。这种方法也可以用在不需要弹力的地方，比如底边和领口。也可以使用条状针织黏合衬将其熨烫在面料上。

　　除缝份以外，针织面料上的其他地方可能也会用到弹力带，例如口袋或是门襟。这时就需要使用弹力内衬使它可以随面料一起拉伸。可以使用特定的针织内衬。

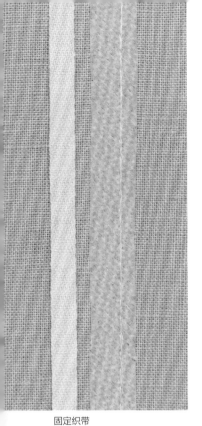

固定织带

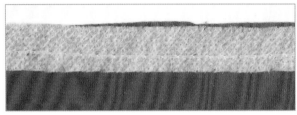

在不需要弹力拉伸的位置使用固定织带

装饰弹力带

弹力带抽褶

方法1　拉伸缝纫

❶ 用笔在透明弹力带上标记起点和终点，同时用大头针在面料上也标记起点和终点的位置。弹力带应该比需要抽褶的面料短一些，确保有弹力带的两头各有至少2.5厘米的余量，这是为了在拉伸弹力带的时候可以有握住的地方。

❷ 如果想要抽褶的长度大于30厘米，则分别在弹力带和面料长度的1/4、1/2、3/4处做好标记，然后拉伸弹力带，使弹力带上的点与面料上的对应点相匹配。

❸ 将弹力带和面料上的起点对齐，先绗缝几道固定位置。

❹ 拉伸弹力带使第二个点和面料上对应的第二个点对齐，将左手食指放在缝纫台的末端边沿，这样有助于在缝纫时将弹力带固定在适合的位置。要时刻控制好弹力带的拉伸，以保证抽褶的均匀分布。

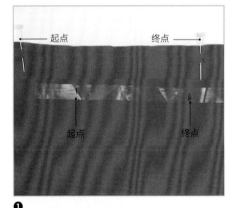

起点　　　　　　　终点

起点　　　　　　　终点

❶

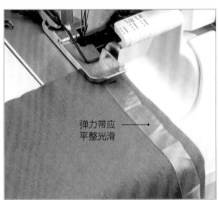

弹力带应平整光滑

❸

拉伸弹力带使弹力带上的标记与面料上的标记对应

❹

以拉伸缝纫法完成的弹力缝份

装饰弹力带

　　这种弹力带可以作为一种光边整理，尤其适合女用贴身内衣裤。

　　这种弹力带先和面料的正面缝合在一起。可以选择是否在一开始就修剪缝边，这步并无对错之分。毕竟针织物不需要整理，因为它的边缘不会磨损。但若是想增加面料的稳定性或者所选的面料比较轻薄且不想增加额外的体积感，也可以对缝份进行修剪。这都看个人的选择。

❶ 弹力带和面料正面相对，将弹力带没有装饰的一边沿服装的缝边放置并对齐。

❷ 在靠近弹力带边缘进行缝纫时，选用闪电形或锯齿形线迹，边缝纫边拉伸弹力带。如果一开始没有修剪面料，请在这一步将露在装饰边外的多余面料修剪掉。

❸ 将弹力带翻回反面并在正面缉缝明线，线迹使用三倍宽或比正常偏大的锯齿形线迹。同时不要忘记拉伸弹力带以配合面料。最后使用蒸汽熨烫使之回复成型。

❶~❷

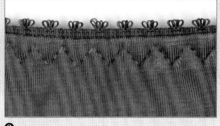

❸

方法2　先抽褶

❶ 如果先使用弹力带抽褶然后再将这些抽褶面料全部固定的话，那不如先抽褶再用弹力带将缝份固定起来。使用缝纫机用双层线先缝出抽褶（见第76~77页）然后拉底线抽出好看、均匀分布的褶。

❷ 抽褶完成后，用与之前相同的方法将透明弹力带缝上。保证抽褶的那一层面料在缝纫的最上方，以确保抽褶的均匀和美观性。

　　如果想在缝合之前就得到均匀的细褶，这是个好方法。

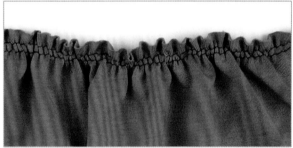

❶

❷

> **试一试**

　　记得在缝完弹力带之后将抽褶线取下来，否则面料被拉伸会导致它们绷断。

使用弹性面料

弹性面料虽然不同于机织面料但并不难处理。只要多做一些考虑，并对缝纫机做一些适当的调整就可以轻松快速地缝纫弹性面料。

不需要锁边机

不能缝纫针织物最常见的借口就是需要一台锁边机或专用缝纫机才行。但这是完全错误的。虽然锁边机可以对针织物进行专业的整理，但并不是必不可少的。

试一试

选用较宽的线迹时，机针会偏离中心位置，所以需要调整原来所估计的接缝量。可以尝试用橡筋带箍在缝纫机机臂上，来引导面料在正确的缝份位置进行缝纫。

基础缝线

第一件需要注意的事情是缝线要可以随面料拉伸。普通的缝线会因面料的拉伸而断裂。

缝纫机有几项适用于针织面料的线迹，可以缝出一些基本的结构缝线。针织物边缘不会磨损，所以有时可以不用修剪缝份。

闪电形线迹

一般的锯齿形线迹

锁边线迹

模拟包缝线迹

闪电形线迹　有时候也被称为"伸缩线迹"。这种线迹看上去像是倾斜的锯齿形线迹，适合较厚的针织物。

一般的锯齿形线迹　需要基于所用面料调整线迹的长度和宽度。间距小而窄的锯齿形线迹适合较厚的面料。

锁边线迹　这种线迹可用于缝份缝合及缝边整理。如果缝线太紧则需要减小缝线张力，否则会导致缝份卷曲不平。

模拟包缝线迹　这种线迹也会应用于缝份缝合及缝边整理。看起来与锁边线迹非常相似。

领口和袖窿的边缘整理

独立面料镶边

　　这大概是整理领口和袖窿最简单的方式。这种方法需要一条面料镶边带，宽度是最后完成镶边宽度的两倍再加上缝份宽度的两倍。在面料弹性最好的地方需要沿着其长度方向镶边。

❶ 如果想要最后完成的镶边宽度为2厘米，缝份宽度为1厘米，则应该裁剪6厘米的镶边带。镶边带需要比缝份短一些，这样缝份才能拉伸成曲线，以确保接触皮肤的折边保持平整。

❷ 镶边带裁剪好之后，将短边缝起来，然后对折包住缝份。

❸ 将镶边带的接缝与服装上想要接缝的位置相匹配——通常在后中或者肩缝。轻轻放置，用大头针固定以确保镶边带的拉伸量分布均匀。使镶边带保持平整。这需要根据不同面料的弹力做一些调整。弧度更大的领口处需要更大的拉伸。

❹ 将镶边带缝在领口时可以使用闪电形、锯齿形或模拟包缝线迹。使用蒸汽熨烫使之回复定型。

❺ 对折进服装领口内的缝份做光边整理（a）。可用一般的锯齿形、三倍宽锯齿形或双针线迹在缝份的位置上缉缝明线（b）。

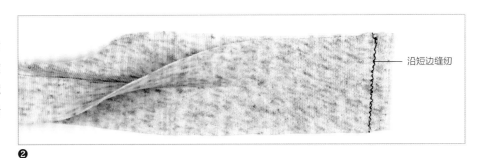

沿短边缝纫

❷

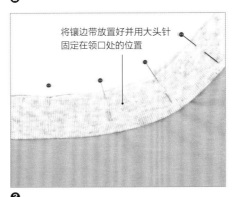

将镶边带放置好并用大头针固定在领口处的位置

❸

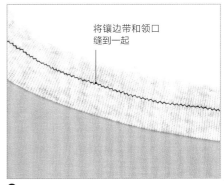

将镶边带和领口缝到一起

❹

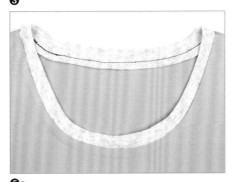

❺a

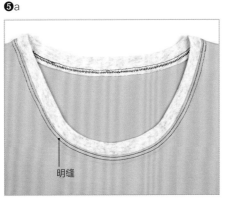

明缝

❺b

帮助

镶边起皱不平整。

　　在缝纫之前，需要在调整镶边上花些时间以确保它沿缝纫方向缝纫时能够保持平整，没有任何皱褶。

　　如果镶边与领口不贴合说明镶边太长，不匹配领口的长度。这种情况下可将镶边拆下来，沿短边缝份将它改短。

　　如果发现缝纫线有起皱现象说明镶边带太短，与领口长度不合适。这时候需要重新剪一根稍长的镶边带。

平纹针织物会比一开始想象
的要更容易制作，面料的弹
力可以帮助你而不是阻碍衣
片缝合。

光边滚边

这个方法可以隐藏滚边，在服装的正面只能看见领口处有一行缝线。

❶ 裁剪滚边条，使其在长度方向具有弹性。滚边的完成宽度不要超过8毫米，因此裁剪的滚边条宽度应该为1.6厘米再加上缝份宽度，且长度应长于领口。

❷ 反面相对，将滚边条对折。

❸ 为了使缝滚边更方便，一般会留下一条缝口呈打开状，以便滚边在缝纫时能够保持平整。

❹ 滚边和服装正面相对，将滚边与服装的缝边对应放置。用闪电形或小锯齿形线迹进行缝纫（其他线迹缝制完成后会在滚边背面留下较多线迹）。

❺ 把滚边翻折到服装反面，将边缘缝合，可以采用细窄的锯齿形或双针线迹做一些装饰。轻轻压烫领口使之回复定型。

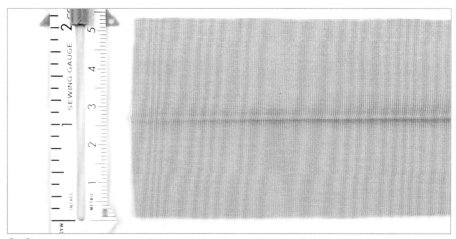

 ❶~❷

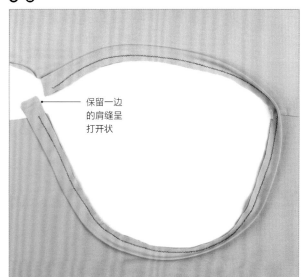

保留一边的肩缝呈打开状

 ❸~❹

> ## 试一试
>
> 为了确保缝滚边时不拉伸面料，可以先缝一个样品练习一下。

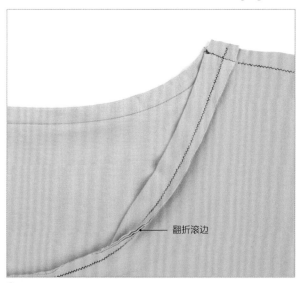

翻折滚边

❺

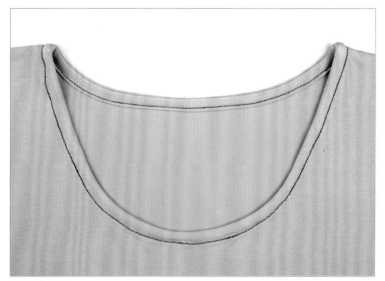

完成的光边滚边

明滚边

这个方法是将滚边包在面料缝边外面，在正面和反面都能看见滚边。

❶ 和光边滚边的方法一样裁剪滚边（见第215页），滚边条的宽度应为双层的滚边宽度加上两倍的缝份，长度应长于领口。

❷ 缝合两边的肩线并在肩线两端固定滚边条。

❸ 将滚边条对折，反面相对，确保平整之后，将较短的一边缝起来。

❹ 滚边条放在服装的反面，将缝边对齐。将滚边条置于领口线处，过程中不要拉伸面料。

❺ 将滚边缝在服装上，线迹为闪电形或小锯齿形。蒸汽熨烫使其回复定型。

❻ 将滚边翻到正面来，使折边包住缝份的同时遮住刚才缝在领口的缝线。

❼ 将滚边缝在服装上，线迹可选用闪电形、一般的锯齿形、三倍宽的锯齿形或双针线迹。使用蒸汽熨烫使其回复定型。

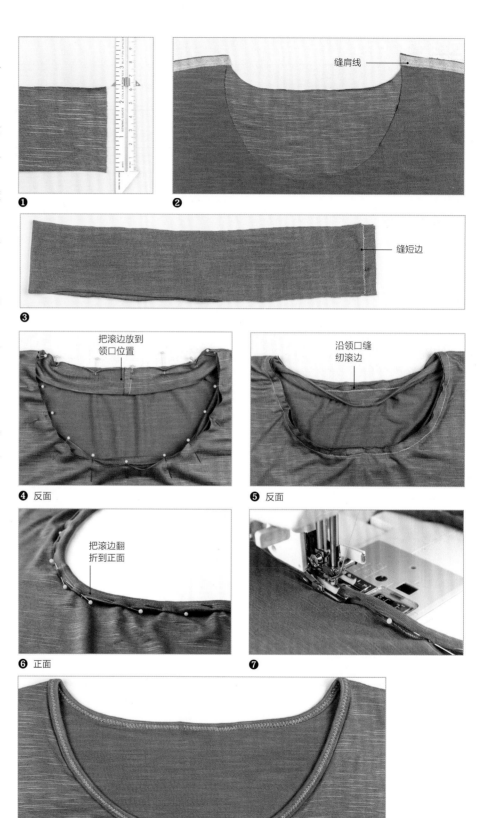

❶

❷ 缝肩线

❸ 缝短边

❹ 反面　把滚边放到领口位置

❺ 反面　沿领口缝纫滚边

❻ 正面　把滚边翻折到正面

❼

完成的明滚边

卷边和使用双针

这是令家庭缝纫者感到最头疼的部分。但其实只要一只手和一个蒸汽熨斗就可以获得良好的效果。

记住这些要点

- 针织面料不会磨损，所以底边只需要卷一次并固定就可以。
- 根据选择的面料种类使用正确的机针，确保它是圆头针或弹力针。
- 使用双送压脚帮助面料在缝纫机下推送。
- 使用黏合带或黏合衬使底边更稳定，提高缝纫效果。
- 熨斗是好帮手。在缝纫之后压烫底边，可以给最后的外观效果带来很大的不同。

使用锯齿形线迹

小的锯齿形线迹不太明显，尤其是当使用与面料颜色相近的缝线时（为了使缝线看得更清晰在这里使用的是对比色缝线）。可以明显看出普通压脚和双送压脚缝纫的底边效果是不同的。

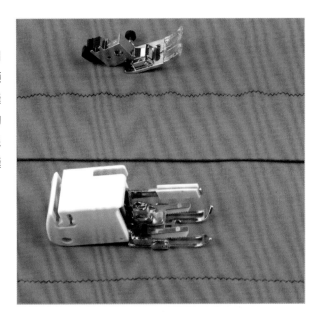

暗缝底边

这在机织面料上更常见，不过现代大多数的缝纫机都有弹性面料的暗缝底边线迹。它看上去像是小的锯齿形线迹组成了一个更大的线迹。这意味着锯齿形线迹的主要部分缝在了底边上，而组成的大缝线也连续不断呈跳跃状且刚好和服装缝在一起。

❶ 跟往常一样从反面向上翻折底边，再将底边折到服装的正面。这时需要在服装的折边上露出一点底边。

❷ 沿着留在正面的一点底边缝纫，使组成的大缝线呈跳跃状并刚好将服装缝在一起。在缝纫之前最好事先练习几个样品以确定线迹的宽度。

❸ 将底边折回去并压烫。

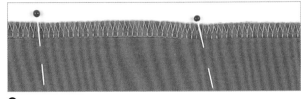

❶

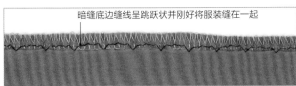

暗缝底边缝线呈跳跃状并刚好将服装缝在一起

❷

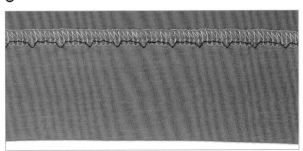

❸

> **试一试**
>
> 如果没有暗缝压脚，缝线也能用双送压脚缝制。

双针

　　这是最接近绷缝的方法，绷缝是使用工业制衣的方法对底边进行整理。有两个面线轴，两根面线分别穿到两根针上，使用普通筒子线就可以。它的正面是双排直线线迹，反面是锯齿形线迹，因为底线会在两根面线之间来回穿梭。

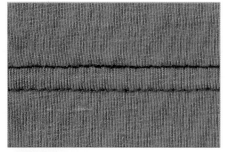
正面

反面

❶ 缝纫机先不要穿线，先加一个穿额外缝线的线轴架。接下来同时拿住两根线并穿过缝纫机的穿线系统，穿线方式同单线穿线一样。这样两根缝线就不会太纠缠在一起而导致断裂。

❷ 将平常使用的缝线穿进左手边的机针针孔，另一条缝线穿进右手边的机针针孔里。

❸ 也许先整理面料毛边能让包缝看起来更准确，但其实这一步并无必要。

❹ 熨烫底边并在正面进行缝纫。可以在正面标记缝纫线的位置或只是测量下需要固定底边进行缝纫的位置。

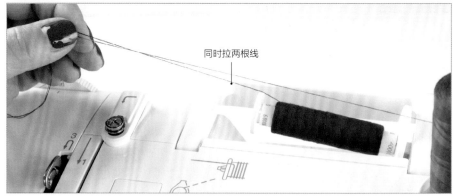
同时拉两根线

❶

 试一试

　　如果没有多余的线轴架，可以将额外的线筒放到果酱瓶里。这样线轴可以不断转动拉出缝线但由于放到果酱瓶里整体位置会保持不动。

　　如果想要调小张力，防止两条明线之间起皱，有一些机器可以改变梭芯的张力；有一些缝纫机只能减小面线的张力但也可以产生相似的效果。

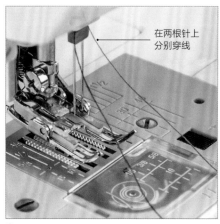
在两根针上分别穿线

❷

❹ 正面

面料镶边

这是一种对底边和袖克夫进行光洁处理的方法之一，用一块相同面料对折而成的镶边来完成。这种方法可以将所有的缝份都藏在服装里侧，使服装看起来整洁美观。

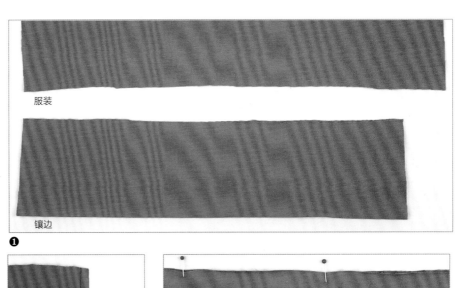

服装

镶边

❶ 测量底边或袖口的长度，裁剪一条比它短一些的镶边条。这样的镶边既美观又舒适，在穿着的时候不会拱起。镶边条在裁剪时需要保持弹性。

❷ 在宽度方向上将镶边条对折，正面相对，用锯齿形或闪电形缝线沿短边将其缝纫起来。将镶边的正面翻出来，使它包裹住缝份并将其熨烫压平。

❸ 镶边带与服装正面相对，用大头针将其固定在服装上对应的位置。

❹ 用闪电形、小锯齿形、锁边或是模拟包缝线迹缝纫镶边。

❺ 把服装向下折回去，然后压烫缝份，使其向上朝向服装。

短边缝纫

❷

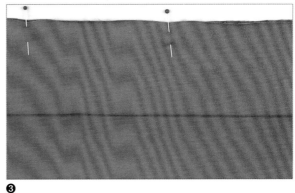

❸

试一试

可以使用双针明缝起到装饰效果。这也可以确保缝线朝上向服装侧。

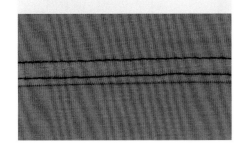

缝纫镶边

❹

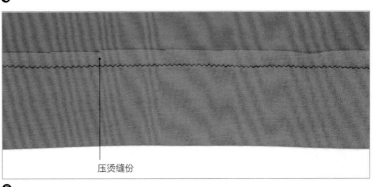

压烫缝份

❺

第五章

后整理

5

后整理会使服装最后的外观有很大的不同。这个不同就在于缝纫的效果看起来是"手工定制"而不是"家庭自制"。我们想要的是一个适合个人身材和风格的手工衣橱。

当在完成服装最后的制作部分时，不要贪图用最快的方法做整理，考虑一下将要用到的方法和过程，在其中选出最好的、适用于面料和服装的种类，通过这些过程可以在最终产生比较理想的效果。

包边

包边是一种受人欢迎的非常整洁的处理缝边的方式。它可以使有曲线的领口和袖窿保形。包边一般会选用与服装相同的面料或是对比比较强烈的面料来表现其特色。

准确定位斜裁条

需要以合适长度的斜裁条来准确缝纫，以此保持服装的合身和外观。

定位斜纹包边

这种方式使用的是单层斜纹包边，将边缘折叠出细窄的缝份，这就是包边的制作方式。

将斜裁条的反面面向自己，先不要将边缘折叠起来，应该先测量从缝边到第一条折痕线的距离。这条折痕线是之后需要缝线的位置，因此应将包边条的这条折痕线与服装上的缝合线位置对应放置。

也就是说，如果折痕线距缝边仅有6毫米，而服装的缝份为1.5厘米，此时就需要将包边条缝边向下移动9毫米，使包边条的折痕线和服装的缝合线重合。

同上述方法一样，如果要使用双折的斜裁条或者是从选好的面料上自己剪下来的斜裁条。都需要确保斜裁条的缝份折痕线与服装缝合线的位置是重合的。

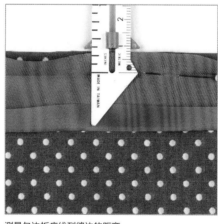
测量包边折痕线到缝边的距离

试一试

需要多少额外的包边长度？

裁剪斜裁条时需要注意，裁剪的长度应比最后成品需要的长度稍微长一些，以便在交叠缝头位置做光洁整理。交叠量需要根据包边的缝头是闭口式（例如领口或是袖窿）还是开口式（用来封闭另一条缝份）来决定。

闭口式缝头

如果包边绕成环状且两头要闭合（例如在领口或袖窿），则两头各需要留出8厘米的余量。

开口式缝头

如果包边的两头需要开口的话（例如这个包边需要包住另一条缝份），则两边各需要2.5厘米的余量。

缝合斜裁条

斜裁条根据包边是否可见可以分为单层或双层。无论是哪种方式，固定斜裁条的方法都是一样的。

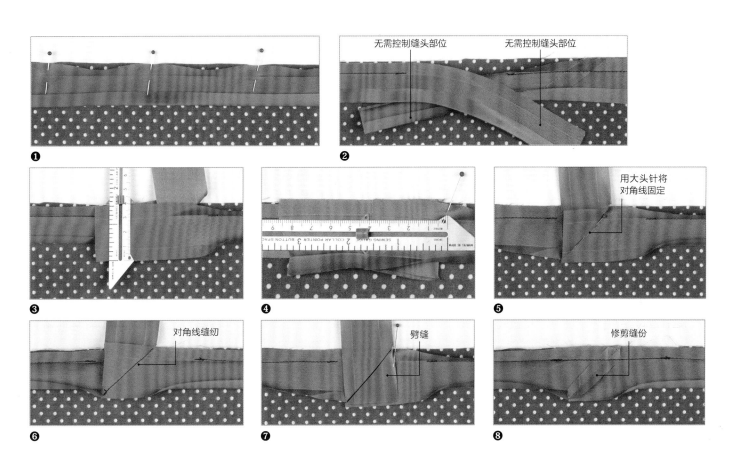

固定闭合式缝头

❶ 将折痕线和缝纫线位置重合（从反面），用大头针固定包边一圈，并在两头各留出8厘米的额外包边长度。在弯曲位置可以适当拉伸包边。用大头针固定时也保持这种轻微的拉伸状态，以便折叠回来进行整理时包边可以保持平整（想一想同心圆的样子，这样更容易理解）。可以先练习一下找一下感觉。接下来就可以沿折痕线缝纫了。

❷ 当包边回到起始位置时，留出8厘米的长度。

❸ 将包边全部展开，测量并记录缝边之间的距离（记为长度A）。

❹ 将两头额外的包边全部展开，完全重叠放置在一起。用大头针标记出下面那层斜裁条缝头的位置。接下来从这一点往回测量长度A的距离并进行标记。这样就形成了一个正方形。接着将上层的斜裁条裁剪至标记的点。

❺ 折起上层斜裁条的底角形成一个三角形。然后向下折叠下层斜裁条的顶角形成一个相似的三角形。用拇指折叠压出折痕，

再把三角形折到反面去，并用大头针沿折痕固定。包边的两头会垂直连在一起。

❻ 从左下缝纫到右上。

❼ 拉开缝份两端并调整包边位置，确保其整洁美观。

❽ 修剪缝份至6毫米并分缝压烫。这时可以选择将剩下单层的斜裁条缝起来，也可以选择折叠布条双层包边。包边的环状使得它可以连续缝纫一周，连接处几乎不可见。

整理斜裁条

可以使用两种方法中的任意一种包边对服装进行光洁整理。

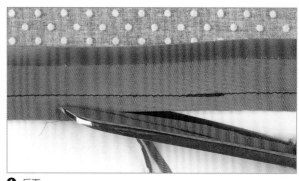

❶ 反面

明包边

这种包住缝边的包边类型在服装正面是可见的，所以这种情况下服装上不需要有任何缝份。如果纸样里包含了缝份，记得在添加包边前把它裁剪掉。如果将明包边缝在缝份上的话，会使领口和袖窿变小。在服装反面固定和缝合包边（见第222~223页）可以保证缝纫的包边出现在服装正面。

整理明包边

❶ 裁剪缝份至6毫米。

❷ 在服装正面，使用熨斗尖部分轻轻往服装方向熨平包边。熨烫曲线部分时，可以使用布馒头进行协助。

❸ 将斜裁条折叠到反面，盖住缝份。将包边条向下移动一点盖住之前第一排的缝线。用大头针沿整条包边进行固定。

❹ 沿包边缝纫使其包住缝边并整理包边。

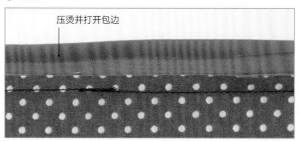

压烫并打开包边

❷ 正面

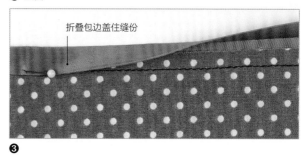

折叠包边盖住缝份

❸

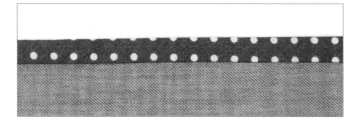

手工整理明包边

手工整理包边能带来高级定制的效果，特别适合缝纫优质面料如双绉或缎背绉。包边需要缝在服装的正面。也就是说手缝的痕迹在反面，不会被看见。只要包边缝在服装上，并折叠隐藏了线迹，那么斜纹包边条折叠边的边缘可以用暗缝线迹进行处理（见第236页）。

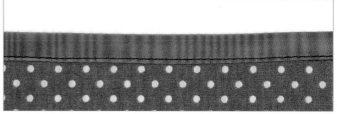

缝纫机整理明包边

如果用机缝的方法缝纫包边，最好在正面缝纫。这样包边会先和服装的反面固定住。

靠近包边边缘缝纫。可以使用压脚上的导轨作为标记，移动机针达到美观整齐又靠近边缘的效果。

暗缝包边

    暗缝包边可以整理缝边并且可以隐藏在服装内侧。这个方式非常适合对领口和袖窿保形并进行光洁整理。可以用对折的布条制作成细窄的包边，那样即便不藏在缝份底下也可以很整洁。

    这个方法使用的是对折的斜裁条。布条的长度应该是最后完成的包边宽度的两倍再加上两倍的缝份。如果最终包边宽度为1厘米，缝份为0.5厘米，那么裁剪的斜裁条宽度应该是3厘米。

    在服装的正面定位并固定暗缝包边（见第222~223页）。以确保缝纫时，刚刚完成的暗缝包边在服装的反面。

准备暗缝包边

❶ 打开折痕并压烫平整。

❷ 背面相对，沿长度方向将包边条对折，使两条缝边对齐并进行压烫。仍可以看到原始折痕以作为缝纫的引导标志。

❷

完成暗缝包边

❶ 裁剪缝份至6毫米宽。

❷ 在服装正面，使用熨斗尖部轻轻往服装方向熨平包边，使其固定在合适的位置上。熨烫曲线部分时，可以使用布馒头进行协助。

❸ 将斜裁条折叠到反面，将缝份盖住。可以将斜裁条向下移动一些，这时可以看到服装的一小部分，也就可知在服装正面不会看到包边。接下来用大头针沿整条包边进行固定。

❹ 紧贴边缘缝纫。

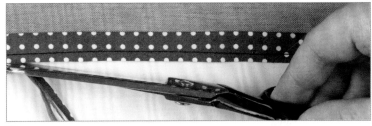

❶

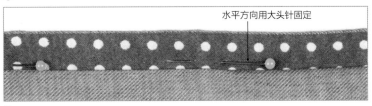

水平方向用大头针固定

❸

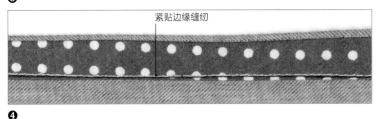

紧贴边缘缝纫

❹

> ## 试一试

    可以使用缝纫机台上的导向装置，使缝纫时机针压在贴边上来获得美观和贴近滚边的效果。

贴边

贴边是一块与想要的外边沿形状一样的面料。围绕服装外边沿缝制后翻回到服装内部，将所有缝边包住。通常用于服装的领口和腰头边缘的整理、加固和定形上。

领口贴边

这是最简单的贴边形式，它就像是服装上这部分的镜像图案。贴边位于服装的内侧且正面朝外，所以它必须是服装上的镜像翻转图案——尤其是当服装的领口线不对称的时候。如果手边没有贴边纸样的话，自己制作也很简便。

❶ 为保证形状的一致性，在样片上距离领口6厘米的位置画一条弧线。将贴边形状描到一张单独的纸上。注意不要忘记标记纸样信息，例如折叠位置或是布纹线。

❷ 在面料上剪出贴边并在上面固定合适的衬布（见第38页）。这可以使面料更有型，而不会拉伸变形。接下来将贴边正面相对进行缝纫，形成领口造型并进行分缝压烫。通过锁边线迹、锯齿形或是撬边线迹对外侧贴边缝边进行整理。

贴边就好比服装这部分的镜像翻转图案

❶

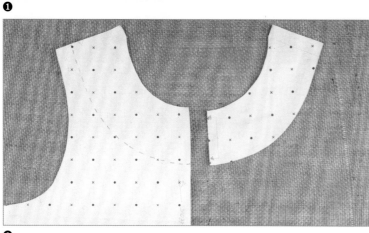

❶

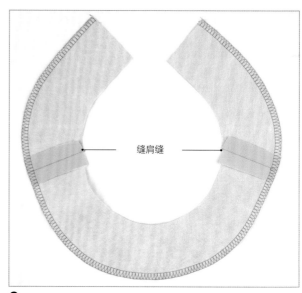

缝肩缝

❷

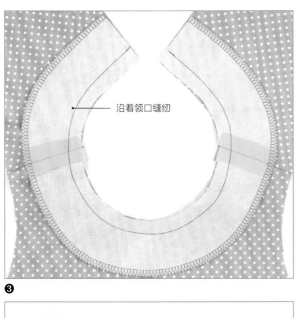

沿着领口缝纫

❸

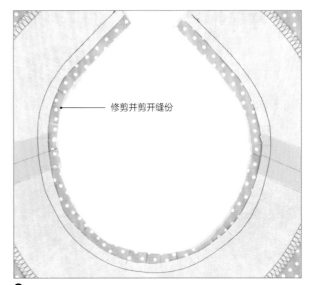

修剪并剪开缝份

❹

❺

❻

❸将贴边放在领口处，贴边正面与服装正面相对，将肩缝和纸样剪口标记对齐。用比平常小一些的针距沿着领口线进行缝纫。这样有助于确保缝线牢固，领口不会拱起。

❹对缝份进行修剪并分层排列（见第91页）来减小体积感。可以适当剪开弯曲部分的缝份（见第91页）来减小张力以保证贴边的平整。

提示：保证贴边边缘低于服装衣边。这样就不会在服装正面看到难看的"分层"现象。

❺贴底车缝（见第232页）贴边使其固定。也可以在领口边缝或是明缝。

❻压烫完成的领口，使其平整。

腰头贴边

利用腰部贴边整理腰头，不但可以隐藏所有的缝边还可以固定和稳定腰身部分，有助于服装定形。

❶ 同样地，即便没有贴边的纸样，自己制作一个也很方便。先在衣片上距离腰围线6厘米的位置画一条弧线。折叠省道，接着在另一张纸上描出贴边形状。

❷ 在面料上裁出贴边并在上面固定合适的衬布（见第38页）。接下来将贴边正面相对，缝纫在一起组成腰部造型。分烫缝份，并通过锁边或包边整理外侧的贴边缝边（见第94~96页）。

❸ 将贴边放在腰头处，贴边正面与服装正面相对，与剪口对应放置。然后用大头针固定腰头，沿上边沿进行缝纫。

❹ 对缝份进行修剪并分层排列（见第91页）来减小体积感。可以适当剪开弯曲部分的缝份（见第91页）来减小张力以此保证贴边的平整。

❺ 沿着缝份放置一条窄织带或缎带使之紧贴接缝线。沿着腰头曲线剪几个剪口使之保持平整。紧靠接缝线缝纫织带，缝线缝在缝份上，不要缝到裙身上。这有助于使服装的腰部位置定形。

❻ 贴底车缝（见第232页）贴边使其固定。通过手工或是缝纫机缝纫让贴边盖住缝份。

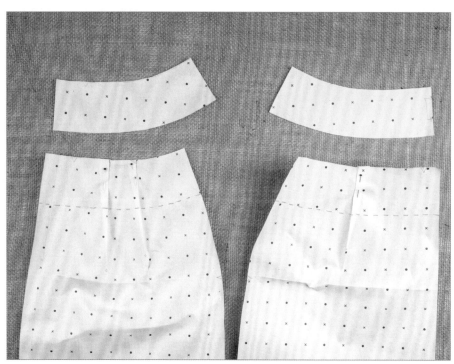

❶

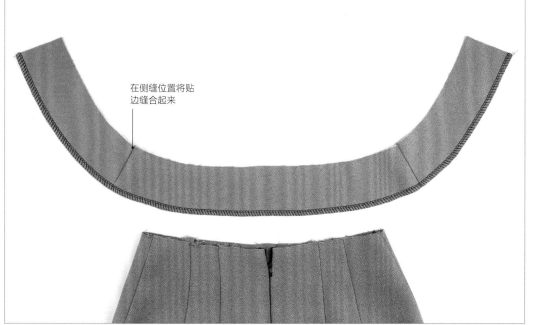

在侧缝位置将贴边缝合起来

❷

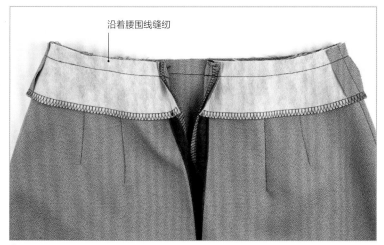

沿着腰围线缝纫

❸

修剪并剪开缝份

❹

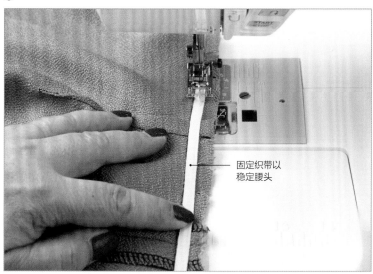

固定织带以稳定腰头

❺

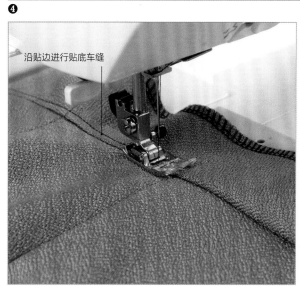

沿贴边进行贴底车缝

❻

连身贴边

这种贴边可以同时整理领口和袖窿，因此可以节省面料。贴边的下边缘应向上弯曲并越过胸部以避免在胸围线上产生张力。和所有的贴边一样，在缝纫之前先固定一块合适的衬布并选用合适的方法整理下边沿。

❶ 将前后片的肩缝缝起来，侧缝和后中线暂时先不缝（a）。贴边上也进行同样的操作（b）。最后分缝压烫。

❷ 将贴边放置在衣身上，正面相对。用大头针将两者固定在一起，缝纫领口和袖窿。

❸ 对缝份进行修剪并分层排列以减小弯曲处的张力（见第91页）。

❹ 在肩部空隙之间轻轻拉扯衣身的后背部分以翻转出服装正面。

❺ 在领口和袖窿的周围进行贴底车缝，尽可能缝地长一些（见第232页）（但不必一圈全部缝纫，这样肩部会很窄）。在领口和袖窿处压烫保证贴边不超出衣身边缘。

❻ 在侧缝处正面相对，用大头针固定并沿衣身侧缝缝纫。确保在腋下位置将贴边翻到背面，连着贴边缝纫整条边。

❼ 将贴边翻下来，压烫固定。在侧缝处将贴边与衣身固定以防止贴边拱起。

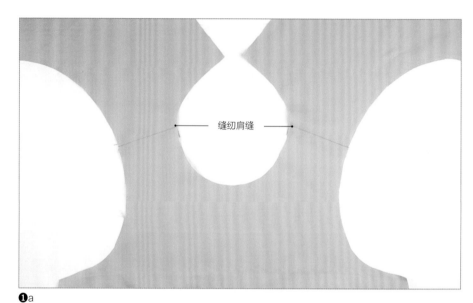

缝纫肩缝

❶a

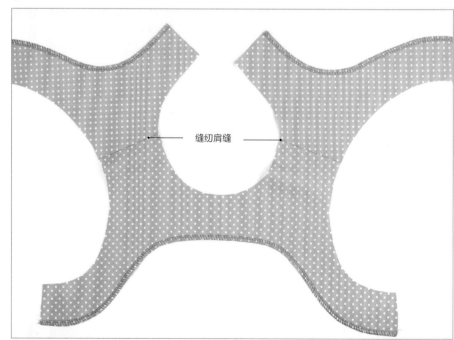

缝纫肩缝

❶b

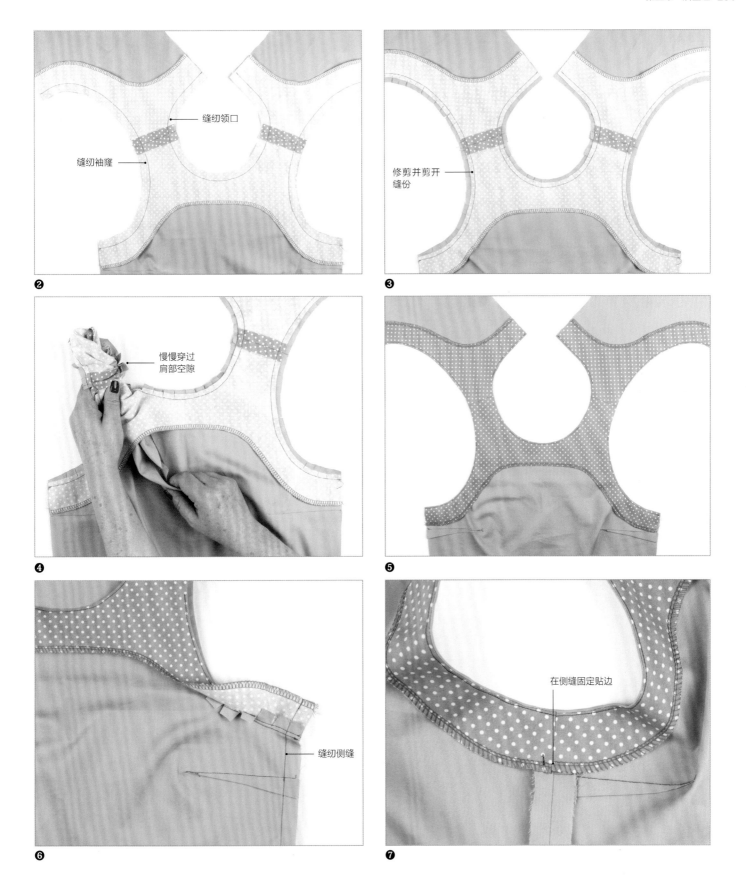

缝纫领口

缝纫袖窿

❷

修剪并剪开
缝份

❸

慢慢穿过
肩部空隙

❹

❺

缝纫侧缝

❻

在侧缝固定贴边

❼

贴底车缝和贴边车缝

这两种方式都是很好的整理方法。跟许多缝纫术语一样，无需解释太多，它们非常容易理解。

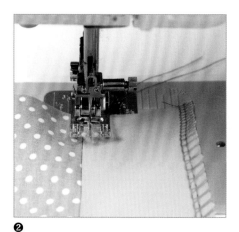

❷

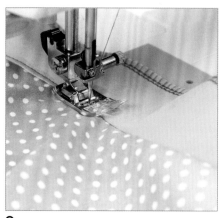

❸

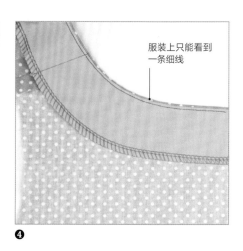

服装上只能看到一条细线

❹

贴底车缝

字面意思是指将一部分服装"放在下面"，这种方法在缝纫贴边的时候非常实用。

❶ 将贴边缝到服装领口或腰头上，为减小弯曲处的张力需要修剪缝份，并打上剪口，这些均做好之后，将所有缝份拨向贴边方向。

❷ 将贴边放在缝纫机下，保持机针距接缝处不超过2毫米。

❸ 沿贴边进行缝纫，同时穿过服装和贴边两者的缝份。

❹ 将贴边翻折到服装内侧进行压烫。这样就只能在服装贴边内侧上方看到一条细线。

> ## 试一试

如果贴边是弯曲的，在尽量保持贴边平整的情况下，可以让服装起一些褶，这样贴边就能容纳更多的面料。这可以确保在领口线和腰围线上尽可能保持平整。

贴边车缝

贴边车缝和明缝非常相似，这两个术语经常会混着用，但其实也有些不同。贴边车缝是一种常规线迹密度的缝型，用于几层面料的缝合连接。明缝是一种更长线迹的缝线，可用于服装的任何部位，不仅仅用在边缘和多排线迹上。

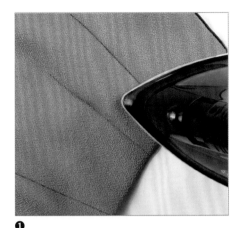
❶

❷

❸a

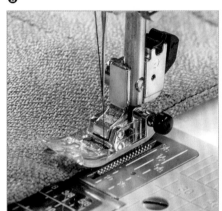
❸b

❶ 为了更容易放置压脚，在缝纫之前需要对贴边车缝的区域压烫。

❷ 将布边放在压脚下对齐，以便机针落下来的时候刚好在距布边2毫米的位置。

❸ 为了使缝出来的线迹保持笔直，可以将布边与压脚外侧对齐，移动机针到适当的位置（a）。保持布边与压脚平齐以得到均匀的缝线（b）。

将贴边车缝用于蕾丝和领口边使得领口弯曲处更光洁。

底边

这是另一个值得花时间去做整理的部位。毕竟，为做一件自己可以穿着并且非常适合自己的服装所付出的努力，理应需要有一个做工精美的底边。

无论是半身裙、连衣裙、裤子还是上衣，都可能曾注意到服装制作完成后，底边有时并不是一条直线。这不一定是样板的错误，其他原因也会导致这种问题的出现。

布纹线

除非你的面料是一块绝对垂直的矩形，否则底边有很大的可能会处在不同的布纹线上。这在喇叭裙上很常见，它的前、后中心线在垂直布纹线上，侧缝线则在斜纹线或对角线斜纹上。

这也就意味着底边上那些不在垂直布纹线上的面料弹性更大，使面料略微下垂，从而产生不均匀的底边。

人体体型

另一个主要原因是人体体型具有凹凸曲线。例如，制作一条喇叭裙时，为适应人体体型，一般在后片的底边需要多加一些长度，否则后片的折边可能会抬高。

悬挂服装

完成服装制作后，让它自然悬挂一天左右，使服装自然下垂。这个步骤对一件大圆摆的服装更重要，因为这样的服装底边上大部分的布纹线都是倾斜的（如下图所示）。比较贴合身体的服装，例如铅笔裙，它的底边比较平直，会存在更多的垂直布纹线。

可以使用人台或是试穿时让朋友帮助自己处理底边，使之保持水平。

水平底边

如果有一个按照自己尺寸做的人台，可以把服装套在人台上。但是，这个人台不一定能完全复制出实际的身材尺寸。所以在调整底边使之保持水平之后应亲自试穿一下服装，以确保底边保持水平，与地面平行。

试穿服装，尤其是在试穿裤子的时候，穿着与服装相匹配的款式和高度的鞋子是一个很好的主意。

提示： 如果房间的高度允许，可以将人台放在桌子上，以方便测量和标记后片的底边。

❶ 无论是使用人台还是自己试穿，均需要反复地测量底边距离地板的垂直距离，以得到底边的理想长度。最好使用直尺进行测量而不选用卷尺，因为直尺与地板保持垂直比较容易，易于得到水平的底边。

❷ 用大头针标记底边。

❸ 用大头针沿着服装水平标记一圈。这样将服装脱下并将其平放之后，可以得到一条清晰的用大头针标记出的直线，标出水平底边所在的位置。

❹ 裁剪多余的面料并选择合适的方法对底边进行整理。

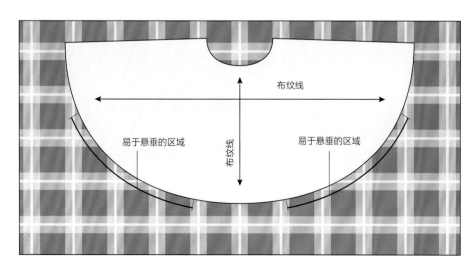

布纹线

易于悬垂的区域　　　　易于悬垂的区域

布纹线

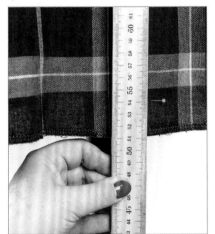

❶

❷

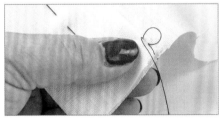

❸

手缝

手缝可以让服装看起来更有高级定制的感觉。细心缝制的话，还可以隐藏底边。缭针法、三角针法、暗缲针法、卷边法都属于底边的手缝针法。使用单线进行缝制可以使缝线对服装正面的影响最小。

手缝时缝线需要在开头和结尾的地方进行固定。为方便展示，在此使用易于看见的与面料颜色差异比较大的缝线，但一般需要使用和面料颜色对应的缝线。后面的图片是以惯用右手的缝纫者角度拍摄的，指导说明（括号内）是为了指导惯用左手的读者。

开始和结束

❶ 开始时，在同一个地方多缝几针——但是不要将缝线都拉露出来。

❷ 将缝纫针穿过线圈两次（a）然后将线拉紧（b）。

❸ 在结尾处以同样的方法处理。

❹ 为了在缝纫结束时隐藏缝线的尾端，可以将针穿过底边的各层面料（a），与面料平齐剪断缝线（b）。缝线尾部会滑到面料之下隐藏起来。

❺ 如果缝线是需要可见的或是发现针脚难以保持均匀，可以在缝纫前利用气消笔在面料上做好标记。

提示：保持线的长度在一个臂长左右。太长的线容易缠在一起并且会打结。

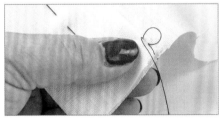

❶

❷a

❷b

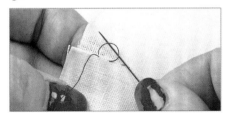

❸

❹a

❹b

缭针法

缭针法特别适合双翻边底边，可以把大部分缝线藏在面料翻折覆盖的部分内。在正面只能看到漂亮的小而有规律的缝线。

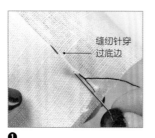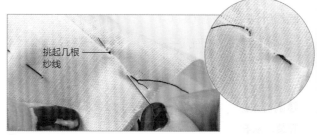

❶ 从右至左缝纫（从左至右），即针尖朝向左（右）。固定线头位置（见第235页）。将面料反面朝向自己，将缝纫针穿过底边的翻折边缘约1厘米，并确保没有穿过面料的正面。

❷ 当缝纫针穿出底边的翻折边缘后，穿过几根纱线，将线拉出来可以得到一段缝线。

❸ 为了得到下一段缝线，可直接将缝针返回到上一段缝线结束位置下方的底边翻折边缘处。

❹ 再一次将缝纫针穿过底边的翻折边缘约1毫米，再沿底摆长度方向重复❷~❹步。

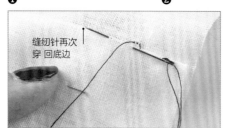

❸~❹

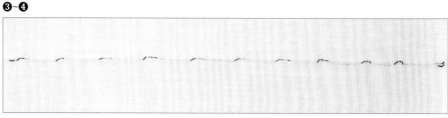

完成的缭针线迹

三角针法

这种缝线方式可以使缝纫的线迹具有一定弹力且更牢固。三角针法可以使下摆完全平贴在服装上，因此均适用于双翻边底边和单层面料。

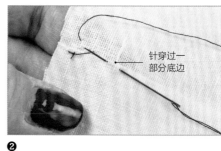

❶ 从左至右（从右至左）缝纫。将缝纫线固定（见第235页），在底边上将针尖朝向左侧（右侧）挑起面料的几根纱线。在正面可以看到这部分，所以要尽可能用小针脚。

❷ 将缝纫针向右侧移动1厘米，针尖向左在底边折边部分穿过一段长度（左）。

❸ 沿底边的长度方向重复第❶步和第❷步。

❹ 缝线应该看上去像是向外延伸的十字形。

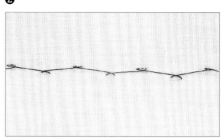

❸

完成的三角针线迹：反面

完成的三角针线迹：正面

暗缲针法

暗缲针法在正面几乎是不可见的，尤其是使用颜色相近的缝线时。

❶ 翻折双翻边底边，压烫平整。向里折叠服装。从右至左（从左至右）缝，即针头指向左侧（右）。固定缝线（见第235页）。

❷ 底边的双折边边缘应多出1/4英寸（5毫米）。在服装的翻折边缘处用针挑起几根纱线。这段线在正面是看得见的，所以应确保只穿过了单层面料。

❸ 稍稍移动缝针，使针穿过折叠边缘的下方的底边面料。

❹ 沿着底边长度方向重复第❷步和第❸步，将底边折回并进行压烫。

固定缝线

❶

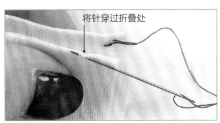

将针穿过折叠处

❷

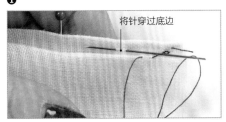

将针穿过底边

❸~❹

完成的暗缲针缝迹：反面

完成的暗缲针缝迹：正面

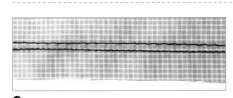

❶

❷

卷边

❹ 反面

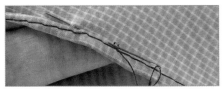

❺

卷边法

这种卷边适用于薄面料或非常轻的面料，不适用于较厚重的面料，因为它们无法正常卷边。

❶ 修剪缝份至距离底边约1/4英寸（5毫米）处。用缝纫机在底边处假缝一条线，然后调短缝线间距，在假缝线迹下面1/8~1/4英寸（3~5毫米）处再缝纫一条线。以防止布边磨损过多。

❷ 根据第二排缝纫线将多余的面料修剪6英寸（15厘米）左右。这有助于防止布边磨损过多。

❸ 用压铁压住或是用大头针固定底边作为

辅助，也可以利用缝纫机的压脚。

❹ 将面料反面朝向自己，将修剪过的底边朝自己的方向卷起，卷到假缝线为止。这样另一排缝纫线就可以被塞到卷边里。

提示： 利用舔过的手指把面料卷起来可以使操作变得更加容易。这虽然不卫生，但确实很实用！

❺ 边卷边边沿着面料卷边进行暗缝，当接近修剪过部分的末端时，再继续做一些修剪。之后重复第❹步和第❺步。

❻ 去除缝纫机的假缝线迹。

完成的卷边线迹：反面

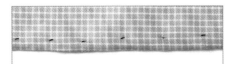

完成的卷边线迹：正面

机缝

机缝底边对大多类型的服装来说是一种快速且有效的整理底边的方法。一排干净整洁的机缝线迹和手缝线迹一样具有吸引力。

单翻边底边

如果只需翻折很窄的底边，这是整理底边最简单的方式。这个方法很适合曲线底边。

❶ 使用锁边、锯齿形或模拟包缝线迹来整理毛边（见第95页）。以合适的缝份翻折底边并进行压烫固定。

❷ 在锁边线迹中心缉缝，可以保证底边边缘不会再翻折回来。

❸ 可以沿着底边在反面用大头针固定出所需明线的位置。

❹ 将服装放在缝纫机下合适的位置，使机针沿着大头针缝纫。边小心移除大头针，边标记机缝底边线的位置。可以利用缝制台上的参考线找到正确的缝线位置。

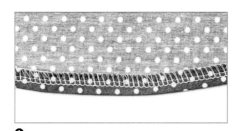
❶

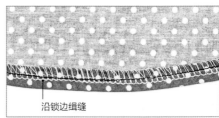
❷
沿锁边缉缝

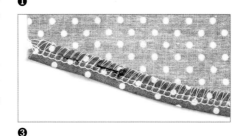
❸

❹

完成的单翻边底边

双翻边底边

与单翻边底边相似，但是这种方式需要将底边翻折两次以包住缝纫边。

❶ 第一次比第二次翻折的面料长度要短一些，使面料不会出现在双层里再次翻折的情况。

❷ 在正面缝明线，利用缝纫台的参考线保证缝线一直缝在底边边缘。

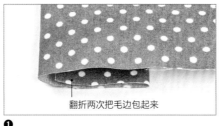
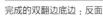
翻折两次把毛边包起来
❶

❷

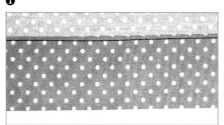
完成的双翻边底边：反面

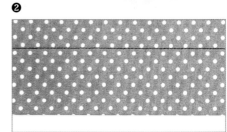
完成的双翻边底边：正面

暗折边法

这种方式适合裤子、连衣裙和夹克这类需要更宽底边的服装。如果使用的是颜色相近的缝线缝纫的话，那就几乎不可见了。

❶翻折双层底边并压烫固定。用大头针垂直固定底边，使大头针头位于底边翻折边缘的上方。

❷将服装从下摆折回去，使底边突出1/4英寸（5毫米）并露出大头针的针头。

❸在缝纫机上选择暗卷边线迹。可以根据面料调整缝线长度和宽度方向上的间距。

提示：最好先拿一块面料尝试缝纫一下，以估计所用面料所需的缝线长度和宽度。根据需求增加或减小宽度间距，这样在面料正面只能看到一个小针孔。加大线迹间距，这样从正面就很难看到一排小针迹。

❹在缝纫机上装上暗缝压脚，将服装放在缝纫机下合适的位置，使压脚刀片沿服装的翻折边缘放置。

❺这种针法使缝线在底边的一些间隔针脚变得可见，在服装边缘呈曲折线迹。

❻继续在底边处进行缝纫，直到缝纫重叠结束。

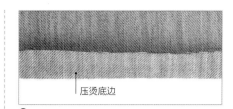

压烫底边

❶

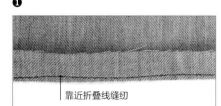

靠近折叠线缝纫

❷

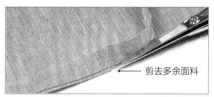

剪去多余面料

❸

❹

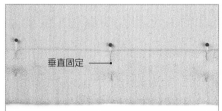

垂直固定

❶

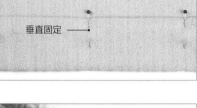

底边

❷

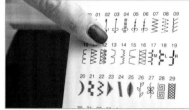

❸

❺

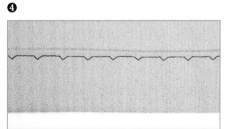

❹

完成的暗缝底边：反面

完成底边卷边

完成的暗缝底边：正面

窄卷边

这种方法与卷边底边相似，如果没有特定的卷边压脚用这个方法会很实用。

❶在距离底边线1/4英寸（5毫米）处进行压烫。

❷紧靠底边线折叠处缝一行线。

❸尽可能靠近缝纫线裁剪掉多余面料，留下一条细窄的底边。

❹将这段细窄的底边再进行一次折叠，在正面缝纫一排明线。

斜纹卷边底边

用一条斜纹面料或是现成的斜裁条为底边缝边做光洁整理。适合用于曲线底边。

❶ 向上翻折压烫出底边缝份。打开斜纹滚条的一侧。正面相对，将滚条边缘和底边缝边对齐，在缝纫之前在滚边末端留出2英寸（5厘米）长度。倒缝几针，然后沿着底边在滚条折痕处缝纫。

❷ 开始缝纫2英寸（5厘米）后倒缝。

❸ 将斜裁滚条的末端对齐并用大头针进行固定，使滚条整齐地贴在底边上围绕一圈。

❹ 将所有斜裁滚条的折叠位置展开，把滚条末端垂直缝纫在一起。

❺ 将滚条末端裁剪至1/4英寸（5毫米）并分缝压烫。将滚条再次摆放在底边边缘的位置并不断倒回针闭合中间的缝隙。

❻ 将底边折叠至反面并塞到滚条缝边的下面。用机缝或手缝将滚条缝到服装上完成底边的整理。

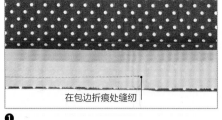

在包边折痕处缝纫

❶

尾端不缝纫

❷

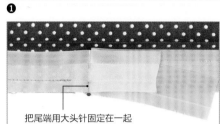

把尾端用大头针固定在一起

❸

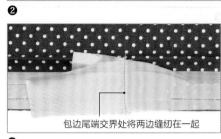

包边尾端交界处将两边缝纫在一起

❹

缝合间隙

❺

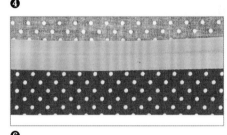

❻

毛边或是没有光洁整理过的底边

这种方式适合边缘容易磨损的面料，例如宽松的亚麻布。也适用于曲线底边。

方法1

❶ 裁剪服装至成品所需长度，这正好是底边线的位置。缝纫机选择普通线迹模式，与布边对齐，并在距毛边约3/8~5/8英寸（1~1.5厘米）的位置缝纫。从侧缝或其他不太显眼的地方开始沿底边缝纫一圈。

❷ 接下来让毛边磨损散口，离边缘的距离越远，磨损的面料就越多。

方法1

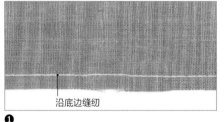

沿底边缝纫

❶

❷

方法2

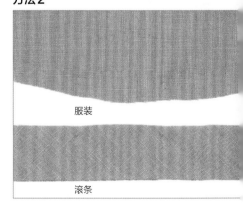

服装

滚条

❶ 在底边上做标记

❷ 标记下底边侧边

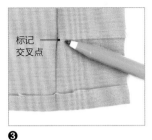
❸ 标记交叉点

❹ 反面

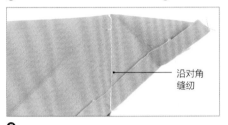
❺ 沿对角缝纫

❻ 修剪并压烫缝份

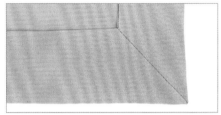
完成的 45°缝角

45°缝角

45°缝角是一种对衬衫或夹克开衩口的边角处进行光洁整理的方法。

❶ 翻折压烫 3/8 英寸（1 厘米），然后翻折压烫底边缝份。在服装的竖直缝份处，也就是底边折边处做记号。

❷ 打开折叠的底边缝份，保留 3/8 英寸（1 厘米）折叠量。竖叠垂直缝份，进行压烫，并标记它与底边水平边缘交界的位置。

❸ 打开竖直缝份并标记两条压烫线的交叉点，这个点就是 45°缝角的尖点。

❹ 正面相对将服装折起来，使两个底边边缘的标记重合在一起，交叉点位于新折叠线上。注意保持 3/8 英寸（1 厘米）的折叠量。

❺ 从交叉点缝到边上的标记点，在开头和结尾处分别倒缝几针。

❻ 将多余面料修剪至 1/4 英寸（6 毫米），分烫缝份使之平整。

❼ 将 45°缝角翻到正面，保证缝角尖且美观。压烫平整。

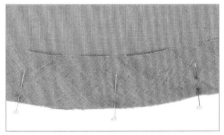

❶ 正面

❷ 正面
将滚条缝到服装上

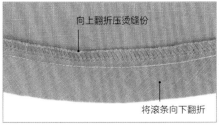
❸ 反面
向上翻折压烫缝份
将滚条向下翻折

❹ 正面

方法 2

使用斜裁条的毛边会产生更均匀的磨边，因为经线和纬线方向都会磨损。

❶ 正面相对，用大头针将滚边条固定到服装上。

❷ 取 3/8 英寸（1 厘米）缝份，将滚条缝到服装上。用你喜欢的方式完成这道工序即可。

❸ 将滚边向下翻折，并向上翻折压烫缝份使其压向衣身。

❹ 如果缝份需要保持不动，沿服装边缘明缝一道线，使缝线正好在缝份上。

内衬

内衬不仅具有美观性，也具备功能性。它可以盖住毛边使服装看起来更加整洁。缎纹类内衬可以减少服装的磨损，应将它做得美观且耐穿。

内衬面料

挑选的内衬面料应该与服装面料重量相近，起到支撑作用，而且内衬还应该保证光滑，使穿脱方便。

内衬面料举例

电力纺、丝缎和细棉布适合轻质、高档的上衣和连衣裙。

黏胶、塔夫绸和提花丝绸适合中等重量的连衣裙、夹克和裤子。

醋酸铜氨纤维面料和涤纶斜纹布适合较为厚重的夹克和大衣。

提示： 内衬最主要的一个功能就是减少日常穿脱外部服装面料的困难。因此，内衬需可以在服装内自由滑动，也因此，尽管内衬和外部服装一般会使用相同的样片，且形状一样，但它需要更宽松一些。为了做到这点，可在缝纫内衬标准缝份时将机针往右偏一些，这样内衬缝份会比外部服装的缝份小一些，使内衬更加宽松。

这条半身裙的内衬，不仅提供了整理半身裙内部的方法，还在底边处增加了对比细节。

半身裙内衬

半身裙的内衬和裙身在腰部进行缝合，使内衬可以在裙身内自由移动。这样内衬可以使半身裙定形也能保证穿脱方便。

❶ 整理外面的裙身（即裙子外身），将所有的省道和缝份缝好并将拉链装上。

提示：虽然裙子会缝入内衬，但因为内衬可以自由活动，所以它也需要整理缝份。

❷ 用裙身样片裁剪内衬，注意将底边向内修剪1英寸（2.5厘米）。在内衬缝份上将可以缝入拉链的底部位置做标记，一般是在后中线或侧缝的地方。

❸ 缝合内衬，并整理侧缝缝份，后中线处（或是装有拉链）的缝份则单独进行处理。使用锁边、锯齿形或是模拟包缝线迹防止内衬磨损（人造缎纹内衬特别容易磨损）。将缝合的缝份压烫到一侧，并拉开拉链使缝份呈打开状态。

提示：为了减少腰部的体积感，只对缝份的一半进行光边处理，使拉链能自由拉开而不受烦杂缝线的影响。

❹ 打开半身裙拉链，裙身和内衬外翻，将它们相邻放置，对齐拉链开口。用大头针将裙身的一侧拉链缝份固定到它对应的内衬缝份上。对另一边重复上述步骤。

❶ 半身裙外身

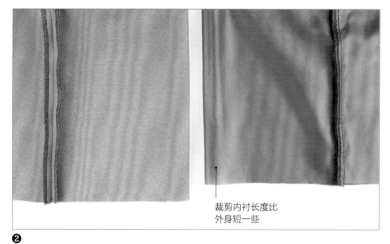

裁剪内衬长度比
外身短一些

❷

❸ 半身裙内衬

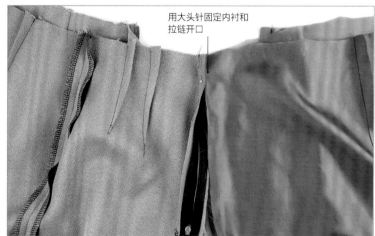

用大头针固定内衬和
拉链开口

❹

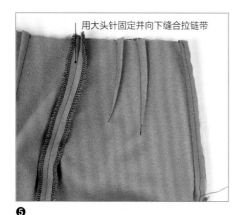
用大头针固定并向下缝合拉链带

❺

褶

❻

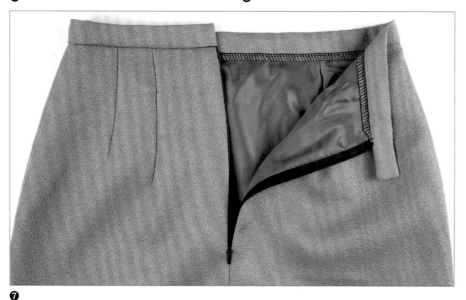

❼

❽

法式襻

❾

❺ 对齐内衬的缝边和拉链缝份的边缘，用大头针将其固定并沿着拉链带中间缝纫，从拉链开头缝到拉链结尾处。对另一边重复上述步骤。压烫内衬时远离拉链。

❻ 将内衬翻到正面，此时内衬会位于外部裙身外面。对齐侧缝和前中线。沿着腰围线整理内衬，在对应外部裙身省道的位置上做一些小褶裥来处理多余的面料。褶裥应折向省道的相反方向来减小体积感。最后在腰部将裙身和内衬假缝到一起。

❼ 此时半身裙裙身和内衬可以作为一个整体进行处理。选择喜欢的方式将腰带缝上（见第178~181页）。

❽ 将半身裙底摆向上翻折一个合适的翻折量，选择合适的方法进行缝纫（见第234~241页）。翻折半身裙内衬，缝纫双翻边的底边，这样内衬比已完工的半身裙长度短至少3/8英寸（1厘米）。

❾ 为了将内衬固定在底边处，可以在缝份处缝几个法式襻。既可以使内衬固定在底摆上，也允许它有一定的活动量。

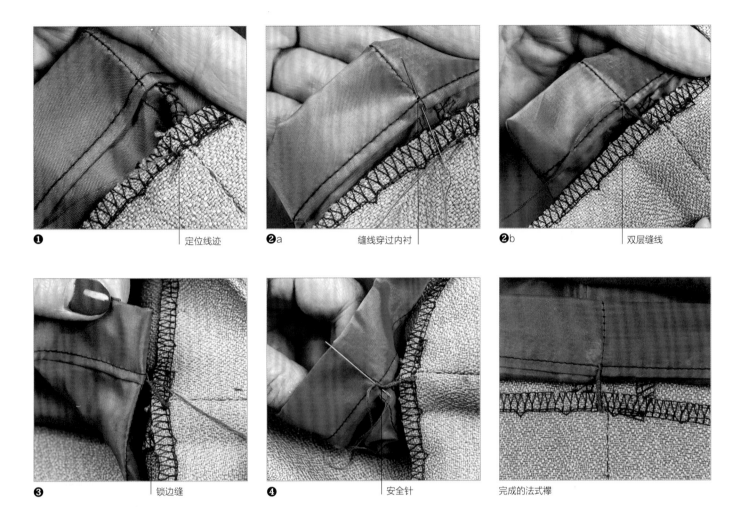

❶   定位线迹   ❷a   缝线穿过内衬   ❷b   双层缝线

❸   锁边缝   ❹   安全针   完成的法式襻

法式襻

    法式襻通常也被称为链式缝线，是用一种更粗的缝线作为加固的缝线链将两片衣片松散地连接在一起。

❶在法式襻的一边锁边缝一针。
❷在法式襻的另一边沿着服装缝一针（a）。再在两边再各缝两针，留下大约1.5厘米的距离（b）。
❸在线的周围锁边缝，得到一段链式线迹。
❹最后在法式襻结束的末端进行固定。

上衣衣身或连衣裙内衬

　　在连衣裙或上衣衣身内加一层内衬可以在提高美观性的同时对服装进行更好的整理。这一步不仅可以光洁缝边，也保证了服装的整体形态。连衣裙的风格决定了如何将内衬缝在衣身上。最简单的办法是在缝侧缝之前把内衬和衣身的领口线和袖窿线缝纫在一起。

❶ 分别裁出衣身和内衬。在肩缝处缝合衣身的前后片，侧缝和后中线不缝。内衬重复同样的步骤。将缝份分开压烫。

❷ 使衣身和内衬正面相对，用大头针将两者固定在一起并对领口线和袖窿线处进行缝纫。可以在这两部分的缝份处剪开几个剪口，减小弯曲处的张力（见第91页）。

❸ 通过拉肩缝把衣身翻过来，正面朝外。在领口线和袖窿线旁沿着内衬和缝份尽可能贴底车缝（见第232页），防止在正面看见内衬，且为保证缝份的平整需进行压烫。

❹ 将衣身和内衬分离开，使内衬和衣身前后片均正面相对，将前后片腋下点对齐。沿着内衬的侧缝开始缝纫，穿过袖窿线，最后缝纫衣身的侧缝。

❺ 将缝份分开压烫并使衣身正面朝外。熨烫腋下位置使内衬隐藏在衣身内部。

❻ 加大缝纫机的针距将衣身和内衬在腰围线处假缝在一起。使它与半身裙缝合时更加容易。

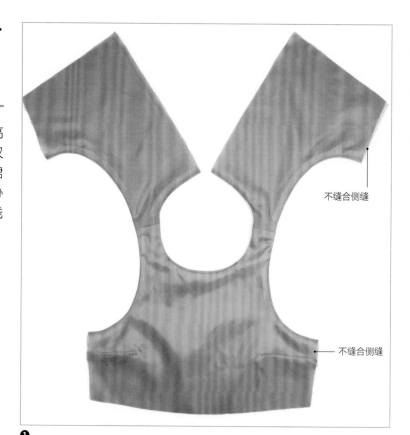

不缝合侧缝

不缝合侧缝

❶

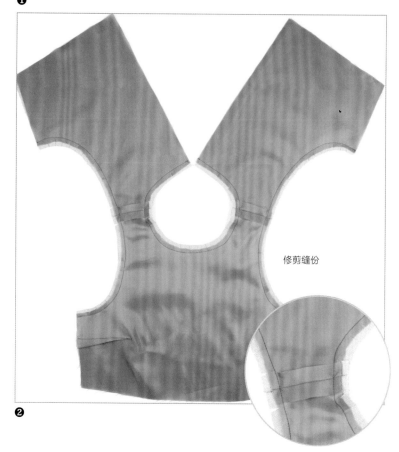

修剪缝份

❷

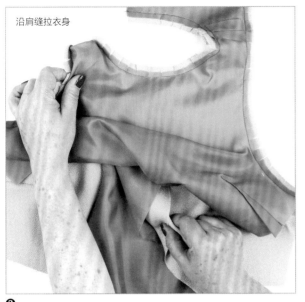

沿肩缝拉衣身

❸

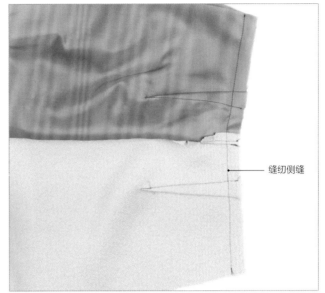

缝纫侧缝

❹

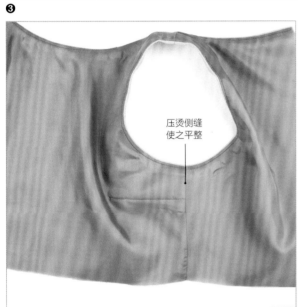

压烫侧缝
使之平整

❺

假缝腰围线

❻

原书拓展资源

估计面料的需求量

服装种类		面料幅宽		服装种类		面料幅宽	
		115cm	150cm			115cm	150cm
直身裙（膝上）		1m	0.75m	上衣（及腰）		0.5~1m	0.5~1m
直身裙（及膝）		1~1.5m	0.75~1m	上衣（及臀）		0.75~1m	0.75~1m
直身裙（及小腿）		0.9~1.75m	0.75~1.5m	袖子（短）		0.4m	0.4m
直身裙（及跟）		1.5~2m	1.5~2m	袖子（3/4长）		0.5m	0.5m
斜裁裙（及小腿）		2m	1.4~2m	袖子（长）		0.7m	0.7m
直筒连衣裙（膝上）		2.5m	1.5~2m	有袖克夫的袖子		0.8m	0.8m
直筒连衣裙（及小腿）		3.5~4m	3.5~4m	两片袖		0.8m	0.8m
裤子		1.5~2m	1.5~1.75m				

注意：当为某一个特定的款式购买面料时，使用这个来进行粗略估算是有帮助的。结合长度（例如连衣裙或是半身裙）和袖子的款式来估计所需的长度。

熨烫指南

面料	温度	特别注意
羊毛	低温至中温	轻轻熨烫
北极绒	不要熨烫	
珠饰/金属亮片装饰	低温至中温	覆盖一层厚棉布并轻轻压烫
平布/平纹细布	低温	
灯芯绒	高温	反面熨烫
棉细布	高温	考虑使用喷雾上浆剂使之变硬
牛仔布	高温	湿烫或使用大量蒸汽熨烫
棉	高温	如有必要可使用压熨布
人造皮草	低温	轻压干熨
蕾丝	低温至中温，取决于纤维成分	熨烫时盖上毛巾或垫布并使用蒸汽，在蕾丝上方悬浮熨烫不要接触熨烫
皮革/绒面革	中温	只能干熨
亚麻	高温	湿熨或使用大量蒸汽熨烫
超细纤维	中温	干熨
玻璃纱	高温	使用压熨布保护表面
涤纶	中温	
雪纺	高温	使用欧根纱压熨布
双宫绸	高温	使用压熨布并干熨
欧根纱	高温	
真丝斜纹软呢	高温	使用蒸汽和压熨布轻轻熨烫
含有氨纶的弹力涤纶	低温至中温	只能在必要时进行熨烫
汗衫布	高温	使用蒸汽并轻轻熨烫
T恤棉	高温	使用蒸汽并轻轻熨烫
毛巾料	高温	使用蒸汽并轻轻熨烫只要不平整绒面
装饰纺织面料	高温	使用蒸汽和拱形烫木/布馒头处理一些较难处理的缝份
丝绒	棉类中温熨烫，合成丝绒类低温熨烫	在反面轻轻熨烫并使用熨丝绒板或是多余的丝绒面料
绉纹呢	中温	使用一段绉纹呢面料作为压熨布
羊毛花呢	中温	使用蒸汽并轻轻熨烫
精纺羊毛	中温	使用压熨布防止露出缝份线

术语表

Apex
Bust point.

Armscye
This is the armhole measurement.

Bagged lining
A bagged lining is one where the lining is made up and sewn to a garment leaving only a small opening to allow it to be pulled through to the right side. This does away with the need for hand stitching, making for a stronger finish.

Balance points
Dots and marks printed on the pattern to match and join when constructing a garment.

Basic block pattern
This is a basic pattern produced from standard measurements before any style has been incorporated. Designs are made from these basic blocks.

Bias/cross grain of fabric
The diagonal direction of fabric between the warp and the weft threads.

Break point
The turning point where the lapel twists at the center front of a jacket.

Buttonhole twist
Buttonhole twist is a strong, lustrous thread, and is used for hand-worked buttonholes and for sewing on buttons.

CB
Abbreviation used for center back.

CF
Abbreviation used for center front.

Dart
A dart is a wedge of fabric that is pinched out of a garment to allow shaping or to remove excess fabric.

Dress form
A mannequin that is a replica body shape and is used to assist in the fitting of garments.

Ease
Ease refers to the amount of space built into a sewing pattern—in addition to body measurements—to allow movement and to achieve the required garment silhouette.

Facing
A piece of fabric the same shape as the main garment usually used to finish off a waist, neckline, or armhole.

Feed dogs
Teeth that lie under the presser foot and move the fabric to allow the needle to make each stitch.

Finger pressing
Some fabrics (for example, those with natural fibers) respond to handling better than others (for example, those from synthetic fibers) and some small areas or seams are better pressed into place using your finger, as an iron would flatten a whole area or create too sharp a finish.

Fold line
Used to describe the position of pattern pieces to be placed on folded fabric. The fabric is folded (usually lengthwise) so that the selvages are together. A directional arrow on the pattern tissue indicates the edge to place to the folded fabric.

French tack
Thread strands wound with thread, often used to join a lining to a coat hem.

Grain line
The fabric grain is the direction of the woven fibers. Straight or lengthwise grain runs along the warp thread, parallel to the selvages. Crosswise grain runs along the weft, perpendicular to straight grain. Most dressmaking pattern pieces are cut on the lengthwise grain, which has minimal stretch.

Grading
When seam allowances are trimmed to different amounts to reduce bulk. Also known as layering.

High hip
The high hip is approximately 2–4 in. (5–10 cm) below the waist and just above the hip bones.

Hip
The hip is the fullest part of the figure and is approximately 7–9 in. (17.5–23 cm) below the waist.

Interfacing
A stabilizing fabric used on the wrong side to support a piece of a garment, for example a collar or behind a pocket.

Interlining
This is a separate layer of fabric cut the same as the panels of dress fabric and placed to the wrong side. The panels are placed together, then sewn up as one. Using an interlining or underlining changes the characteristics of the original fabric, either to make it heavier, crisper, or less transparent.

Layplan
The manufacturer's guide to laying pattern pieces on fabric in the most economical way and keeping pieces "on grain" or on fold lines, and so on. A number of layouts are provided for different fabric widths and pattern sizes.

Lining
A separate fabric sewn on the inside of a garment to conceal all raw edges and help it to hang well.

Mercerized cotton
A treatment applied to give strength and luster.

Natural fiber
Fiber from a non-synthetic source for example, cotton or flax plant, silk moth, or wool.

Notions
All the bits and pieces you need to make your garment, e.g. thread, buttons, zippers, hook and eyes, etc.

Overlocker
A machine designed to sew and finish edges in one step, although it can produce many other effects too. Also known as a serger.

Pressing cloth
A fine, smooth fabric piece used to protect the surface of a fabric when ironing or pressing.

Princess line
A dress with curved seaming running from the shoulder or the armhole to the hem on the front and back, giving six panels (not including the center back seam).

Quarter pinning
A technique used to arrange tucks (created with elastic) evenly. The elastic and fabric are divided into quarters and pinned at these points. Pull the elastic to match the fabric length and stitch the layers together.

Rouleau turner
A tool made of a length of wire, with a hook and latch at one end for turning narrow tubes of fabric.

Seam allowance
The area between the sewing line and the edge of the cloth, normally ⅝ in. (1.5 cm) but 1 in. (2.5 cm) in couture sewing.

Selvage
The neat edge that runs down both long sides of the fabric. It is created when the horizontal weft threads come to the end and turn back on themselves, woven under and over the vertical warp threads. It has very little give and allows the fabric to hang true and straight.

Sleeve head
Sometimes referred to as a sleeve cap—the upper part of the sleeve that fits into the shoulder. Not to be confused with a cap sleeve, which is a small sleeve covering the very top of the shoulder.

Slip tack
Similar to ladder stitch, where two edges are joined from the right side, taking alternate stitches from each edge but used as a temporary join.

Sloper
This is a template from which patterns are made and also known as a basic pattern block.

Slub
An uneven thread woven into fabric, resulting in an interesting textured surface.

Smocking
Embroidery stitches sewn over the folds of gathered fabric.

Spi
"Stitches per inch" is used to indicate the stitch length. This measurement is often shown in millimeters.

Stabilizer(s)
A material used to support fabric. Often associated with machine embroidery and normally placed under the work.

Staystitching
Stitching used to hold fabric stable and prevent it from stretching.

Stitch in the ditch
Also called "sink stitch," this is where pieces are held together by stitching through an existing seam. Used on waistbands and on Hong Kong finishes.

Stretch stitch
A machine stitch suitable for sewing stretch fabric—either a narrow zigzag or one which includes back stitches in its construction.

Swing needle sewing machine
A machine where the needle moves to the left and right to make stitches, and not simply straight stitches.

Synthetic fiber
Fibers from a non-natural source. Examples are nylon, polyester, and acrylic.

Tailor's dummy
Also known as a dress form. A mannequin used to assist in the making up of garments.

Tailor's ham
A small, hard cushion traditionally filled with sawdust and used as a pressing aid.

Truing a line
This is where a line on a pattern is slightly altered to make it smooth and adjust the fit. Often used when transferring adjustments from a muslin to a pattern.

Understitch
When the seam allowances are stitched to one edge to hold it down, for example, on armhole facing.

Underwrap
The extension on a waistband for the fastening.

Walking foot
This replaces the standard machine foot and walks over the fabric while sewing, so avoiding the fabric "creep" that sometimes occurs.

Zipper foot
An alternative machine foot. It allows the needle to get closer to the teeth of a zipper than a standard machine foot.

索引

原版致谢

作者想感谢：

在"Sew Me Something"辛勤工作的团队，特别是我的丈夫查理·巴德（Charlie Budd），感谢来自他们的帮助、支持和所提出的建设性意见以及那些喝得数不清的咖啡。

Quarto 出版社想要对以下人员为这本书的付出表示感谢：

洛娜·乃特（Lorna Knight）和琳达·梅纳德（Lynda Maynard）。

FashionStock.com, Shutterstock.com, p.58bc; Alexander Gitlits, Shutterstock.com, p.58tr; kojoku, Shutterstock.com, p.58tc; lev radin, Shutterstock.com, p.58tl, 58bl; Nata Sha, Shutterstock.com, p.58br

所有的步骤图及其他图片都归Quarto出版社版权所有。

尽管所有的努力都归功于撰稿人，但Quatro仍想对书中存在的疏漏和错误表示歉意，并希望在未来的版本中进行修正。

译者的话

《图解服装裁剪缝制基础：细节·部件》的作者自谦为一位缝纫工作爱好者，其实是一位操作经验丰富的专业人士，是一位具备工匠精神的服装制作从业者。根据她多年实践和经验积累，本书提供了很多在其他书籍和专业教材中没有涉及的具体操作和小提示，是一本实战性的书籍。在当前崇尚个性化定制和传统手工制作的背景下，该书凸显了实践的意义，具有较高的工艺技巧参考价值，适合各类服装制作爱好者、服装相关专业学生以及企业相关人士阅读。

该书由东华大学服装设计与工程专业教师方方与部分研究生共同翻译，感谢以下人员为译文的辛苦付出，排名不分先后：伍霞、张蓓丽、董金依、胡彩丽、蒋蒙蒙、李宛泽、朱睿、秦吉。

该书翻译历时近一年，通过查阅多种专业词典来尽力保证精准性。由于专业词汇的各种表述不同，译者的水平和学识有限，尽管反复修改核对以确保前后一致，但书中仍然存在不足和疏漏之处，恩请同仁和读者海涵并批评指正。

方方

2019年6月